与最聪明的人共同进化

湛庐 CHEERS

HERE COMES EVERYBODY

U0308915

好用的博弈论

[日] 镰田雄一郎 著

刘琳 译

16歳からのはじめてのゲーム理論

浙江教育出版社·杭州

测一测

你了解博弈论的思考方式吗？

扫码激活这本书
获取你的专属福利

扫码获取全部测试题及答案
一起了解博弈论高级的思考
方式

- 博弈论中，一个非常重要的思考方式是（　）

  A. 博弈论是经济学的重要理论

  B. 人与人之间有着某种联系的地方就是社会

  C. 充分认识自己、了解自己的真实想法

  D. 处在社会中的人们做任何事都是有理由的

- 家庭问题也可以用博弈论来分析吗？（　）

  A. 可以

  B. 不可以

- 沉默能传达说话者的意图吗？（　）

  A. 能

  B. 不能

扫描左侧二维码查看本书更多测试题

一种认识博弈论的新方法

我们都生存在社会中。身处社会中的我们每天都会不停地思考，并因此产生一连串的烦恼。

什么是社会呢？社会并不仅仅是媒体上呈现的那样，社会是复杂且多样化的。社会中有学校和公司，有老师和老板，每个在社会中打拼的人都有工作收入，但也都需要缴纳税金，承担社会责任。在学校里进行的教学活动也会形成社会。你和你的工作伙伴也构成了社会。甚至只要公司内部召开一个会议，就会相应地形成一个社会。其实，家庭也是一个虽小却十分了不起的社会。除了在现实生活中接触到的社会形态，还有通过互联网将一切联系在一起的社会形态。

所谓社会，就是人与人之间产生某种联系的地方。

身处各个社会中的我们常常会忽略一件事，那就是除了我们自己，社会中的其他人也在思考、在烦恼着。我们总是感觉，好像只有自己一个人在烦恼苦闷。

有一门学问研究的对象正是像我们一样思考并烦恼着的人。它研究人们在各自的社会中是如何思考，进而做出一些决策的。这门学问被称为"博弈论"。

实际上，人们常常用博弈论来分析隐藏在我们日常生活中各个角落的各种问题。运用博弈论既可以分析家庭这种小范围中的问题，也可以分析更为复杂的问题，比如股票买卖、政治团体的利益等。

无论是经济问题、社会问题、商业问题，还是人际关系问题等，博弈论都能给我们提供一些启示。当面对这些问题时，如果不懂博弈论，如同不带指南针就开始航海一样。所以，将博弈论看作大学经济学理论中最重要的部分也不为过，因为任何经济学理论都或多或少以博弈论的思考方法为基础。

对博弈论的研究，我倾注了全部的精力。作为一名研究者，我可以很自信地说："至少与其他人相比，我付出了更多的时间去研究'如何在社会中思考'这件事。"

说起对博弈论的印象，很多人会觉得"非常难懂"，或者"虽然听说过，但不清楚具体内容有哪些"。拿到这本书的读者，其中可能会有人这样想："我一直很想学习博弈论，却不知从何入手。"

　　作为博弈论研究者，我在传授相关理论知识的过程中遇到过很多人，他们要么想"把难懂的数学暂且放一边，先大致了解一下博弈论"，要么想"通过博弈论锻炼自身的思考能力"。此外，每当看到一些社会问题或是身边的人们出现人际关系问题时，我常常会想，如果他们能在掌握一些博弈论知识的前提下来思考问题，就能使情况变得更好。

　　因此，我反复思考如何创造机会让更多人能够学习博弈论，如何有效地传授博弈论的精髓。最终我找到了一种好方法，这种方法既不用复杂烦琐的公式，也不需要冗长难懂的说明，而是通过通俗的故事让读者切身感受博弈论。

　　从我们进入中学开始，社会在我们的意识中就越来越清晰，随后发现原本看似简单的社会其实隐藏着很多复杂的事，于是我们就开始思考要如何面对这样的社会。本书是一本故事集，可以让"想要进一步了解社会"的人学习到一些关于博弈论的知识。

　　当然，"想要进一步了解社会"的人并非仅限中学生。进入大学、步入社会、调到新部门、和新客户商谈时，身处上述各种场景的人们都有同样的需求。我们每个人在面对人生的各种局面时，都会对如何在广阔的社会中前行这件事怀有期待和不安。本书对这些怀有期待和不安的人应该会有所帮助。

处于社会中的我们时常会遇到令人苦恼的问题。本书通过 6 个故事和 1 个笑话来阐述博弈论是如何帮助我们解决一些棘手问题的。

我要强调的是，本书并不是讲解博弈论的教科书。因为在本书的故事中从未出现过"博弈论"一词，也没有涉及难懂的专业术语。书中讲述的只是关于一对老鼠父女的小故事。

读者通过书中的小故事可以掌握一些博弈论的思维方式，即如何在社会中思考。这也是本书的宗旨。

具体来说，在确定本书的故事场景以及其中所涉及的博弈论相关主题时，我总结了以下四点内容。

1. 在社会中思考时，重要的是思考别人在做什么、想什么。这不仅是书中故事的关键所在，也是设定故事舞台、确定主题的依据。

2. 本书只涉及一些大多数博弈论研究者所认同的、在博弈论中较为重要的话题。

3. 博弈论被广泛应用于经济学、政治学。本书故事中所涉及的话题不仅具有极高的理论价值，同时也具有重要的应用价值。例如，在本书的第 1 个故事中讲述了居委会投票的经过。故事运用的博弈论的投票理论对政治学的分析同样产生了巨大影响。

4. 为了有效地传达博弈论的精髓，本书没有选择
与国家政策、税金等相关的"大社会"问题，
而是选择了浅显易懂的"小社会"问题。需要
说明的是，无论是大社会问题还是小社会问题，
我们所需要的思考方法是相同的。

虽然在前文中我已经提到"本书并不是教科书"，但
我仍期望通过本书的故事，让读者对博弈论的思考方式产
生兴趣。因此，为了便于读者了解每个故事所阐述的博弈
论知识，我在每章的结尾处都添加了"博弈论知识工具
箱"，用来对本章内容与博弈论的关系进行更为详细的解
说。就像电影中附赠的"彩蛋"中对演员、导演的采访等
特别短片一样。希望读者了解相关的博弈论知识之后，对
于故事中出现的思考方法与博弈论的关联度会形成初步印
象。若在此基础上再看一遍故事，也是一种乐趣吧！

本书的故事中可能会出现一些人或动物，他们说的话
或许会令你感到迷糊，此时可以先略过这部分，尝试把握
故事的梗概，或者先去喝杯水再继续读，这样也许会让你
恍然大悟。希望读者在阅读本书的过程中，能够在不知不
觉中了解到博弈论的各种思考方法。这也正是编写本书的
目的。而且当你读完本书后，会产生一些较为明显的感
想，比如："这世上真是有各种各样的观点啊！"

这虽然是很普通的想法，但我认为是非常重要的。为

什么我会这么说呢？因为在各种各样的观点中，偶尔会夹杂着你之前从未注意到的新观点。我希望这本书能让大家对社会产生一些新观点。而且，如果大家对能够引出新观点的博弈论感兴趣，那么我作为本书的作者将会感到十分荣幸。

有关博弈论的说明暂且到此，接下来就让我们一起来窥探老鼠父女的日常生活吧。

故事 2　为什么人们要商议呢？ /029

故事 3　如何揣摩对方的行为？ /051

1 个笑话　小睡一会 /075

故事 4　什么是平衡事态的决策方法？ /089

故事 5　沉默传达了哪些信息？ /111

故事 6　怎样观察他人的行为并思考？ /135

我和爸爸的故事

　　我是老鼠，我的爸爸当然也是老鼠。为什么要给各位介绍我们的身份呢？因为接下来我们大显身手的故事就要拉开序幕了。

　　我和爸爸是家人，也是生意伙伴。我们俩组成了一个团队，每天努力地工作。寻找食物就是我们的基本工作目标，因此，工作地点的选择对于我们的工作来说是非常重要的。

　　那么，对老鼠而言，最合适的工作地点是哪里呢？

　　如果一直在同一栋房子里工作的话，那栋房子里的人就会注意到我们，随后会出现各种状况。如果每天都潜入新的房子，工作效率就会大幅降低，因为我们要详细了解新房子的构造，从而找出潜入该房子的最佳路线，而且每次都要确认里面有没有令我们惧怕的捕鼠器。于是，我们首先会寻找几栋目标房屋，然后一家一家地潜入。这种独特的工作方式使我们对各家的情况都多少有一些了解，比如，房子里都住着哪些人，他们的年龄、职业等。

当我们准备从一栋房屋潜入另一栋时，精准掌握住户的家庭信息对我们是很有帮助的。假设星期三下午我们想从于夫妇家去沙先生家，那么只要等沙先生从于夫妇家斜对面的市图书馆出来就可以了。沙先生每星期三下午5点结束兼职工作后，就会开着爱车回家。

今天我们按原计划坐上沙先生的白色轿车，顺利潜入了他的家中。我们沿着墙壁移动，来到碗柜后面的洞口。然后我们进入墙内，爬上墙壁内侧，来到楼梯平台。

沙先生的家是一栋两层的独栋别墅。一楼有客厅、餐厅、厨房，还有一间会客室。卧室在二楼，东侧和西侧各有两个房间。楼梯平台在一楼和二楼之间，是我们专用的空间。

几乎我们潜入的每家都有楼梯平台，从这里可以观察到各个房间的情况，就好像是在观看各家上演的家庭剧，我们仔细观察剧情的发展，并预测后续剧情。这不仅是我和爸爸的爱好，也是我们的工作。因为房子的主人有可能泄露与食物相关的重要信息。

在预测后续剧情时，楼梯平台是绝佳的躲藏位置。虽然我们不能"鸟瞰"剧情的发展，但可以做到"鼠瞰"。

我们非常客观，并不站在家庭成员中任何一方的立场上。在这个过程中，有时我们能够发现人们没有注意到的事情。当然，有些东西是人类教给我们的，比如这栋房屋里的主人……

沙先生的女儿坐在客厅米色的沙发上，她身后墙上的白色挂钟上显示现在的时间是下午五点半。

我听到了沙先生讲话的声音。

"孩子，来吃晚饭吧。"

这句话对我们来说真是个好消息！真希望人们别去外面吃，甚至别休息，天天在家做饭。

故事 **1**

如何听取大家的意见？

居委会主任沙先生的故事：
意料之外的灭鼠方案

全员一致同意

"这件事非常重要，所以需要在全员一致同意的前提下才能通过议案。"餐桌旁传来沙先生讲话的声音。

沙先生今年 66 岁。虽然他的头发已经花白，但看上去很年轻，像 50 岁出头的样子。沙先生去年从工作了40 多年的公司退休，因为有担任过经理的领导经验而被选为居委会的主任。此刻，他和女儿正在谈论明天将要召开的居委会会议。

"要全员一致。也就是说，20 位居委会干事中即使只有 1 位持不同意见，议案也会被否决？"

"嗯，不管怎么说，这件事非常重要。因此，哪怕只有一个人持反对意见，我也不想让议案被通过。"沙先生回答道。

"原来如此。"

沙先生接着说："其实，我并不想通过本次议案。这个想法也许会让人觉得我有些狡猾，所以你千万不要说出去啊。作为居委会主任的任期只剩几个月了，所以我并不想在卸任前惹什么麻烦。"

"如果需要全员意见一致才能通过议案，那么即便其他人都同意，只要爸爸您投反对票，议案不是就无法通过吗？"

"哈哈，事情不像你想得那么简单。如果其他人都赞成的话，我也会赞成的。虽说是不记名投票，但如果20人中有19人赞成、1人反对，大家心里总会有些不舒服吧？"

女儿点点头，接着说："因为谁都不想承担责任。但是投票真的能顺利进行吗？其实那些投反对票的干事，也可能觉得议案通过与否都无所谓吧？"

"我倒觉得那19位干事中至少有1位干事会反对。"沙先生说道。

关于概率的话题

"爸爸，沙先生因为预测到全员不会一致通过议案，而制定这个投票规则，他真是个狡猾的人呢！"我站在楼梯角落里说。

"嗯，不过事情的发展会如他所愿吗？"爸爸表现出一副不感兴趣的样子，他正在察看沙先生家的捕鼠器。

"肯定会如他所愿呀。除了沙先生，参加投票的还有 19 位干事，就算每个人有 90% 的概率投赞成票，议案通过的概率也很低。"

爸爸捋了下胡子，眯着眼睛说："嗯。0.9 的 19 次方就是除沙先生以外全员赞成的概率，也就是通过议案的概率。实际上，这个概率是很低的。0.9 确实是个很高的比率，但毕竟要自乘 19 次啊。按照我的推算，0.9 自乘 19 次后的数字是……有点复杂呢。但是应该很低吧？"

"爸爸，我们大致算一下就好了！这计算起来的确有些复杂。按照沙先生女儿的意思，大家对于投赞成票还是反对票都觉得无所谓。所以，如果每个人投赞成票的概率是 50% 的话，计算就能稍微轻松一些了，就等于 $\frac{1}{2}$ 自乘 19 次。仅仅是 $\frac{1}{2}$ 的 10 次方就是 $\frac{1}{1024}$ 了，那 $\frac{1}{2}$ 的 19 次方，结果就几乎等于 0 了啊！也就是说，议案的通过率几乎是 0！"

"不过，你为什么纠结于议案的通过概率呢？"爸爸好奇地问。

"本来是这样，他们如何投票关我们什么事。可爸爸您知道那是什么议案吗？议案是：关于和灭鼠公司解除合同的投票决议。如果这个议案被否决，灭鼠公司就会继续捕杀我们，爸爸知道这件事吗？"

"哦，原来是这样的议案啊。但我总觉得这个议案会通过的，灭鼠公司应该会被解除合同的。"

"爸爸您的心态可真好啊！"

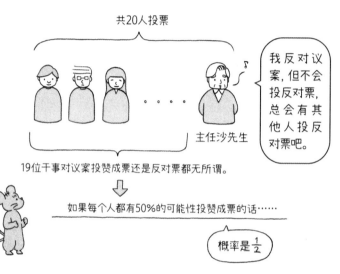

共20人投票

我反对议案，但不会投反对票，总会有其他人投反对票吧。

主任沙先生

19位干事对议案投赞成票还是反对票都无所谓。

议案是：关于和灭鼠公司解除合同的投票决议。

如果每个人都有50%的可能性投赞成票的话……

概率是 $\frac{1}{2}$

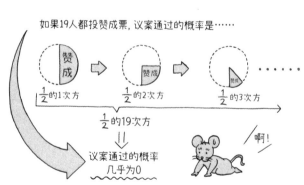

如果19人都投赞成票，议案通过的概率是……

赞成

$\frac{1}{2}$ 的1次方

赞成

$\frac{1}{2}$ 的2次方

赞成

$\frac{1}{2}$ 的3次方

$\frac{1}{2}$ 的19次方

议案通过的概率几乎为0

啊！

第二天晚上七点半左右，沙先生比往常回家晚了一些，他神采奕奕地打开了家门："我回来了！"

"爸爸您回来啦，我一直在等您呢。看起来您的心情不错啊。"沙先生的女儿看到沙先生左手拎着蛋糕盒。

"您快给我讲讲今天投票的情况。"沙先生的女儿着急地询问。

于是，沙先生把下午完整的投票经过向女儿娓娓道来……

居委会的投票

午后开始下雨，聚集在会议室的居委会干事们个个神色紧张。外面的雨声，反而更加突显了室内的寂静。

虽说只是关于抓捕老鼠的议案，却不仅是抓老鼠这么简单的事。这一带的居民被老鼠折腾得够呛。过去，各家各户想尽了办法与这种小动物作斗争。随后他们发现这是所有居民都存在的问题，于是决定请灭鼠公司统一来解决。正是因为这个决策，近年来老鼠的危害几乎消失了。当然，老鼠并没有完全消失，至少沙先生家今晚就会遭受老鼠的侵害。

好了伤疤忘了疼。一些居民们甚至认为，他们已经不需要与灭鼠公司继续签订合同了。虽然有人要求解除合同，但对于过去的鼠害还心有余悸的部分居民却提出了反对意见。关于和灭鼠公司解除合同的投票决议，这一议案成了居委会的最大议题，每次会议上大家都讨论得十分热烈。甚至还有人怀疑，反对解除合同的人是不是已经与灭鼠公司相互勾结了。

为了解决这个问题，从而停止无休止的讨论，居委会主任沙先生毅然决定通过投票来解决。

所有人就座后，沙先生站起来简单介绍了议案的内容。

"非常感谢各位今天冒雨前来，参加有关与灭鼠公司解除合同议案的投票。这个议案十分重要，因此只有在我们 20 人一致同意解除合同的情况下，我作为主任，才会决定解除合同。在不记名投票之前，请问各位有什么问题或意见吗？"沙先生边讲话边环视了一下 30 平方米大小的会议室。

"主任，既然需要大家一致同意，与其采用不记名投票的方式，不如请反对解除合同的人举手吧？"讲话的是在镇上经营补习班的闫先生。他是干事中最年轻的人，做事讲究效率。

沙先生迟疑了一下，回答道："不好吧。这样一来，反对的人就很难举手了。不记名投票是最能准确了解大家意见的方法。"

有两三位干事也表示赞同采用不记名投票的方式。

"那我们开始投票吧。"沙先生说完，将事先准备好的 20 张选票分发给了各位干事。选票上方印着"赞成解除合同"，下方印着"反对解除合同"，沙先生要求每人选择其一并画上圈。

"请各位填写完毕后将选票投入投票箱。"

沙先生把用于居委会投票的木箱放在了自己面前，然后在箱子后面小心翼翼地将自己选票中的"赞成解除合同"用标准的椭圆形圈起来，接着认真地把选票折好并放进木箱里。其他干事也陆续来到木箱前投票，随后又回到自己的座位上。

意料之外的结果

"大家都已经投过票了吧？现在请允许我打开投票箱唱票。"

沙先生拧开箱子背面金光闪闪的旋钮，里面的选票就掉了出来。

随后沙先生将选票一张张打开，念了起来。沙先生想：应该用不了多久就能结束。因为只要有一票反对，计票就可以结束了。

"赞成。下一个还是赞成。赞成。"

"下一张，又是赞成。然后第五张，也是赞成。"

沙先生在心里嘀咕：奇怪，应该有一半左右的干事是反对的啊，没想到竟然连续五张都是赞成票。不过，剩下的 15 张选票中只要有一张反对票就可以了，也不用那么着急。而且就算着急，结果也早就在箱子中，已经无法改变了。接着念吧。

"赞成，下一张……也是赞成。"

会议室里有些嘈杂。沙先生面向大家，露出"没事的，不用担心"的表情。

"赞成。赞成。"

沙先生微笑着接着说："赞成。嗯，现在赞成票已经十张了。还有一半选票没念。"他的嘴角尽量上扬，但脸部肌肉僵硬，声音微微有些颤抖。

"赞成。赞成……"

他翻纸的速度越来越快，最后一张选票上画着标准的椭圆形，这张是沙先生自己的选票。

沙先生的视线落在桌子正中央，宣布道："最后一张也是赞成票。那么这次与灭鼠公司解除合同的议案就通过了。"

会议室里响起了干巴巴的掌声，但很快就被淹没在窗外的雨声中。

至关重要的那一票

收拾好会议室后，沙先生走到外面，此时雨已经停了。沙先生看到前方的银杏树下站着两个人，走近一看，原来是方夫人和孔先生。这两个人是反对派的急先锋，至少在投票前是这样的。

"你们好，今天辛苦了。嗯，大家全都投了赞成票，说实话这令我很吃惊。"沙先生说着，小心翼翼地避免露出埋怨的神色，但实际上他的内心又十分不悦。

"嗯，我们刚才也提到了这件事，怎么会是这个结果呢？当然，我觉得这样的结果也不错。"孔先生说道。

方夫人一边拨弄着浓密的卷发，一边说："怎么回事呢？我稍微考虑了一下。我们一共有 20 个人吧，我想不管我投赞成票还是反对票，反正我们这些人中总会有人投反对票的，所以我觉得自己投什么票都无所谓。"

沙先生说："是啊。不过，如果你投反对票，结果就是会与灭鼠公司继续签约。从这个角度来讲，也不能说你'投什么票都无所谓'吧。"

"你要是投反对票就好了！"这句话沙先生几乎要脱口而出。

方夫人马上说："对，确实如此。我考虑过自己的选票在什么情况下会对结果产生影响，那就是……其他 19个人都赞成的时候。"

　　孔先生是做金融行业的，是非常能干的人。他听了方夫人的话，点了点头表示赞同。方夫人接着说："对吧？也就是说，除了我以外，其他人都赞成的话，我的选票才会对投票结果产生影响。于是我就想，什么情况下其他人都赞成呢？那一定是大家都认为应该解除合同，只有我还没有完全弄清楚这一点的时候。那也就是的确应该投赞成票的时候。所以那个时候我就想，不能因为我的一票就推翻结果。"

"哈哈，正是如此。正因为大家一致投赞成票，我才更应该投赞成票。"孔先生附和着说。

"嗯，就是这么回事，孔先生。如果不是按照全员一致同意的规则来决定结果，而是采用多数表决制的话，我应该会投反对票的。"

选票所包含的信息

"投票的情况大概就是这样的。"和女儿坐在餐桌旁的沙先生把今天投票的事大致讲了一遍。沙先生家的晚餐是意大利面，上面还撒了芝士粉。

"也就是说，原本是反对派的人也都投了赞成票？爸爸，要是您不动歪脑筋，老老实实地采用多数表决制就好了。"女儿埋怨他说。

"就算那样，也不清楚结果会怎么样啊。"沙先生看起来不以为然。

"什么意思啊？"女儿不解地问。

"因为这并不是投票规则的问题。在遵循一致同意规则的前提下，如果其他干事的想法也都和方夫人一样，赞成派的干事们的选票自然不必多说，反对派的干事们或许也会有人与方夫人有同样的想法：自己的选票在什么情况下才会对结果产生影响……结果反对派的干事也投了赞成票。于是，无论是谁投出的赞成票，实际上都无法反映出他们的真实意愿。例如，方夫人的赞成票就不代表她的真实意愿。"沙先生解释说。

"所以呢？"

"方夫人说：'如果除我以外的 19 个人都投了赞成票，那的确就是我也应该投赞成票的时候。'想一想她这么说的原因，也许是因为方夫人认为 19 个人的赞成票反映出了这些人的真实想法：赞成解除合同。但假设这 19 个人都和方夫人一样，并没有考虑到自己的真实意愿而是违心地表示赞成，实际上 19 张赞成票中并没有 19 个'赞成'的想法。所以，我觉得方夫人应该投反对票才对。"

"原来如此。方夫人没有考虑到别人也有可能和她的想法一样，所以她考虑得并不充分。"女儿恍然大悟。

"嗯，不止是方夫人，所有投赞成票的人有可能都是反对派。所以，持反对意见的干事都应该投反对票才对。"

"嗯，是吗？不过，我还是觉得哪里不对……"沙先生的女儿目不转睛地盯着用叉子卷起来的意大利面，脑子里一片混乱。

沙先生又往意大利面上撒了芝士粉，继续说："我觉得就算采用多数表决制也不见得会有真实的投票结果。采用多数表决制，干事们就一定会按照自己的意愿投票吗？"

"这个嘛，我不知道。可能还会有人像方夫人一样考虑很多。"

"是啊。所以，我也像方夫人那样思考了一下……"

"结论呢？"

多数表决制

"如果采用多数表决制，大家都按照自己的意愿投票，赞成的人投赞成票，反对的人投反对票。这样一来，反对派就会获胜。"沙先生说。

"嗯，是因为反对派的人数相对较多吧？"女儿问。

"没错。而且，反对派也不会在意赞成的人如何投票。"

"哦，如果像方夫人一样思考问题呢？"

"对于反对派，比如孔先生来说，你觉得他这一票在什么情况下会对结果产生影响呢？"

"如果像方夫人想的那样，只有当孔先生以外的 19 个人，赞成和反对各占一半的时候，孔先生的选票才会对结果产生影响吧？"女儿也跟着思考起来。

"没错！"

"不过，如果是 10 票赞成 10 票反对的情况呢？该怎么办？"女儿问。

"如果赞成和反对的票数是 10∶10 的话，有 50% 的概率会通过，同样有 50% 的概率会否决。"

女儿接着爸爸的话说："所以，除孔先生之外的 19 个人当中，有 10 人赞成 9 人反对，或是 9 人赞成 10 人反对时，孔先生的投票才会对结果产生影响。"

爸爸点点头，接着解释道："现在讨论的前提是，大家都认为反对派占多数。在这个前提下，孔先生考虑的是：自己的一票，什么情况下会起到影响结果的作用。那就是当有 9 人或 10 人投赞成票时。但是，如果赞成派的人数真有那么多的话，孔先生又会怎么想呢？"

"原来如此！孔先生可能会想：赞成解除合同的人比想象的要多啊，也许是自己还没发现解除合同的好处吧。"

"说得没错。"

"所以，由于孔先生原本也没那么坚定地想投反对票，他也犹豫着要不要投赞成票。或者说得再准确一些的话，孔先生可能会想：如果真的到了要靠自己的选票来决定投票结果的时候，还是要投赞成票。因为只有在大家都认为应当赞成解除合同时，自己的选票才会对结果产生影响。而这时也需要自己投赞成票。"

"嗯。"

"啊？这么说，孔先生本来是反对派，但如果采用多数表决制，他就会投赞成票？"女儿惊讶地问。

"也不是。如果是这样，反对派的人就都投赞成票了。那反而更奇怪了。我想说的是，就算采用多数表决制，大家也不一定都会按自己的真实想法投票。下结论不能太草率。"

"这样说来，如果按照方夫人的思路来考虑投票的问题，那么，方夫人自己说的话也会让人产生怀疑。"

"这还真是个难题啊。不知道到底是多数表决好呢，还是一致通过好？"女儿疑惑地问道。

"嗯，我也不知道。不过，我明白了这件事并没有最初想的那么简单。不仅是自己如何投票的问题，还要考虑别人在想什么。"

"不管他们现在怎么强词夺理，最终投票的结果还是解除合同吧？"

"的确如此。"

"话说回来，投票的结果并非如您所愿，您怎么还那么高兴呢？还买了蛋糕。蛋糕是在哪里买的？"

"哈哈。正因为投票的结果不尽如人意，所以我才在回家的路上为了散心绕了远路，结果发现了一家新蛋糕店。"沙先生高兴地说。

"啊，是吗？在哪里啊？"

"车站后面不是有一家餐馆倒闭了吗？那里新开了家

蛋糕店，好像今天才刚开业。"

　　"是吗？最近没去那边，所以不知道这个情况。不过，一个蛋糕就能改变您的心情，说明爸爸对投票结果其实也觉得无所谓吧。"

爸爸的预想

　　看着手里拿着草莓蛋糕的沙先生和吃着栗子蛋糕的沙先生的女儿，我的爸爸舔了舔嘴。

　　"我说不用纠结这个问题吧？投票会通过的。是你计算的方法有问题。"爸爸说。

　　"不，我的计算方法本身是对的。不过，我本来以为干事们都会按照自己的意愿来投票，结果却想错了。正因为有方夫人这样莫名其妙的人，结果才会变成这样。"我悻悻地说。

　　我是逞强才这样说的，因为我很清楚方夫人说的话并非莫名其妙。虽然不知道到底有多少人像方夫人那样思考问题，但现在议案已经在全员一致同意的情况下通过了。

　　难道爸爸预测到了投票的结果？虽然不知道爸爸是怎样猜到的，但我感觉爸爸一直坚信议案会通过。不管怎么说，我觉得自己在思考和处理问题方面，和爸爸比还差得远。

　　夜深了，沙先生和女儿已经各自回房间睡觉了。我和爸爸终于可以来到餐桌旁品尝美味了。我一边吃，一边开心地对爸爸说："虽说结果和我预想的不一样，但这样的结果不是挺好的吗？人类和灭鼠公司的合同解除了，就意味着我们的命也保住了。而且，今天托投票的福，我们才能品尝到这么好吃的蛋糕渣。"

博弈论知识
工具箱

　　老鼠父女的第一个故事和沙先生讲述的投票故事有关，居委会投票遵循的是一致通过的规则。这个故事的原型是蒂莫西·费德森（Timothy Feddersen）和沃尔夫冈·培森多弗（Wolfgang Pesendorfer）1998 年在学术期刊《美国政治学评论》（*American Political Science*）上发表的题为"不实之罪：战略性投票下一致同意规则的劣根性"（*Convicting the Innocent: The Inferiority of Unanimous Jury Verdicts under Strategic Voting*）的论文。这篇论文对各种投票体系进行了数理分析，包括全员一致同意规则和多数表决规则。

　　在这篇论文中，作者通过数学公式严密地指出一致同意规则中存在的缺陷。在这一规则下，看似议案很难通过，但事实却并非如此。老鼠父女在思考应该如何进行投票时，认为投票者就如同完全依照概率大小行动的机器人。它们忘记了人们"在社会中不停思考"的特性。人们会更多地像方夫人一样考虑问题，这种思考方式被称为"战略性投票"，是故事的核心。

美国的陪审团制度（公民参与审判，判定嫌疑人有罪或无罪的制度）基本上遵循一致同意规则。这或许是出于对判决的慎重考虑。但论文指出，实际上陪审团的战略性投票很有可能使无辜的嫌疑人被判有罪。因此，论文的题目被称作"不实之罪"。

我第一次接触这篇论文是在刚到美国不久，也就是读研究生一年级的时候。我是 2007 年去的美国，之后一直在美国生活。我还记得当时和我在同一个博士项目的五年级学生，后来和我合著了好几篇论文的小岛武仁教授，向我请教政治经济学的趣味理论时提到过这个话题。

政治经济学是运用经济学理论来分析政治问题的学科。博弈论作为经济学理论也广泛应用于政治理论当中。对于投票行为的分析、候选人竞选纲领的决定等问题，都有因为运用博弈论而成功的案例。例如，投票者之间相互解读投票行为，思考自己要投哪一票；候选人相互解读对方的竞选纲领，从而决定自己的竞选纲领。博弈论最适用于分析上述情况的理论。为什么无法提高投票率？为什么每个政治家的言论都有相似之处？利用博弈论，我们就能够找到这些问题的答案。

本章要点

对自身的行动做出决定的关键在于解读他人行动背后的想法。

"什么情况下其他人都赞成呢？那一定是大家都认为应该解除合同，只有我还没有完全弄清楚这一点的时候。"

正如你在思考别人的行为一样，别人也可能在思考其他人的行为。

"方夫人没有考虑到别人也有可能和她的想法一样，所以她考虑得并不充分。"

一致同意规则不一定是最慎重的决策方法，多数表决也不一定就能更好地反映出大家的真实意愿。

"就算采用多数表决制，大家也不一定都会按自己的真实想法进行投票。"

故事 2

为什么人们要商议呢？

超级制作人黄先生的故事：
发掘新人歌手的秘密武器

一处新的工作地点

　　"爸爸，我认为我们最好从一楼厨房的煤气灶右边的缝隙进去。"此刻，我正在跟爸爸讨论潜入房子的方案。

　　"嗯，我也是这么想的。那就这么定了，这栋房子的结构很复杂，咱们等人们都睡着了再行动。"这次的潜入方案我居然和爸爸想的一样。

　　进入房子后，我们先对里面的情况考察了一番。爸爸经验丰富，对于危险的感知能力非常强，只是最近他的鼻子似乎不太灵，但可以依靠年轻的我。我和爸爸决定将我的嗅觉能力与爸爸的危险感知能力相结合，找出一条最佳的路线。爸爸和我仔细地观察了各个房间后，得出了相同的结论：一楼厨房的煤气灶右边的缝隙就是最佳入口。

今天我们潜入的是黄先生的家。这栋西洋风格的老旧二层建筑坐落在小山丘上，从这里可以俯瞰住宅密集的城市中心。

通常，像这样同时具备老旧和宽敞两种特征的房子会有很多的缝隙能够潜入，内部通行的路线也非常多，我们在这样的房子里工作非常方便。当然，住在这里的人似乎也清楚这一点。只不过他们是他们，他们怎么想怎么做和我们无关。我们根本不会因此而放弃潜入他们的房子。

　　黄先生年轻时是制作人。他曾为许多著名歌手制作过歌曲，并因此积累了大量财富。如今他已经 76 岁了，早已从音乐制作行业隐退，靠着收取几处房产的租金，生活倒也过得安闲舒适、悠然自得。

　　黄先生选拔歌手的方式与其他音乐制作人都不一样。为了发掘、选拔新生代歌手，他走遍了全国。他的合作伙伴是王小姐和于小姐。王小姐的音乐感知力十分出色，而于小姐的审美能力异常出众。但是王小姐的审美能力和于小姐的音乐感知力却并不可靠。

　　王小姐和于小姐二人仔细地审查每一位选手，认真地听他们的音色，观察他们的形象。黄先生将她们两个人的才能结合起来，不断发掘优秀的人才，并以此来推进音乐制作工作。

特别的访问

　　今天，有客人来拜访黄先生，是他家周围学校的学生。4 名女生坐在黄先生家的沙发上。原来，学校布置了一个作业，让学生们采访居住在附近的老人，她们就大胆地联系了以前的名人——黄先生。没想到黄先生竟然爽快地答应了，并让她们在今天的下午茶时间过来。

"王小姐和于小姐最初为我工作时还是非常顺利的。"黄先生的语气十分客气，而拜访他的 4 名女中学生却显得非常拘谨。

离黄先生最近的学生问："您刚刚说'最初很顺利'，是之后出现了什么问题吗？"她们很想了解黄先生是如何发掘优秀的新歌手的。

"嗯，是的。简单来说，就是王小姐和于小姐的关系恶化了。"

"那之后，她们就不再一同选拔新歌手了吗？"

"不，还在一同工作。而且与过去不同的是，她们的意见变得非常一致，几乎每次推举的选手都是同一个人。"

"真厉害，她们俩的品位果然很相似啊！"

"她们的意见总是一致，不是件好事吗？这样就还能不断发掘出最优秀的人才呀。"另一名学生问。

"我本来也是这么想的。但是自从她们两个人的关系恶化之后，她们共同选拔出来的那些新歌手就再也没有火起来。这到底是怎么回事呢？"

"是她们二人的关系对歌手初次登台演唱的歌曲产生了什么影响吗？"

"那倒是也没有什么影响。"黄先生一只手摸着梳理整齐的白发，另一只手往学生们的茶杯里倒热红茶。女学生们也咯吱咯吱地嚼起了饼干，饼干看上去很好吃。

选拔歌手

"您能给我们具体讲讲怎样选拔歌手吗？"一名女学生一边问，一边拿出小本子准备记录。

"怎样选拔？通常就是大家能想象到的那些吧。准备一个看起来像是会议室的房间，在里面摆放一张长桌，王小姐和于小姐坐在里面。然后，胸前佩戴着号码牌的选手一个一个进去，在里面唱歌、跳舞，展示自己的才艺。"

"您也在现场参与歌手的选拔吗？"

"不，我不参与。因为我不太了解选拔方面的技巧。

我的工作是找到可以给被选拔出来的新歌手写歌的人，以及营销已经制作完成的唱片。"

"也就是说，只有王小姐和于小姐负责选拔歌手。那选拔工作结束后呢？"

"过去，所有的选手表演都结束以后，王小姐和于小姐要在房间里讨论很久才出来。最终她们也会得出一致的结论，走出房间后会告诉我哪名选手最优秀。"

"您说这是过去的情况？那自从她们两人的关系恶化之后，情况就发生了变化，是吗？"

"是的。她们的关系恶化后，情况就完全不同了。最后一个选手表演结束后，她们两个人就立刻走出房间。她们不再进行讨论，而是直接来找我，两个人分别只对我说：'我认为这名选手最优秀。'然后就离开了。因为她们两个人每次分别推举的'最优秀选手'都是同一个人，所以我就毫不犹豫地让这名最优秀的选于登台了。"

"原来如此。虽然她们两个人关系不好，但还是很有默契的。不过，如果她们两个人的意见原本就一致的话，为什么过去需要讨论那么久呢？"

"这个我就不清楚了。但那之后选拔出的歌手就很平庸了。"黄先生略加思索地说。

坐在离黄先生最远的学生一边惊讶地"啊"了一声，一边拿起了掉在她深蓝色校服上的饼干渣。她坐的位置离黄先生最远，所以她显得不那么拘谨。

谁的问题

　　"爸爸，听起来黄先生似乎是把音乐事业的不顺都归咎于王小姐和于小姐了。"我愤愤地说。

　　"好像是的。"爸爸心不在焉地说。

　　"但这并不是王小姐和于小姐的问题呀。歌手不红、唱片销量不好，责任主要在黄先生自己吧。"

　　"那也未必吧。"爸爸刚刚一直在思考今晚如何下手，房子大，收获自然多。爸爸已经迫不及待了。但是，现在离天黑还有段时间。

　　"你听过一个故事吗？"爸爸说。

　　"什么故事啊？"

　　"一个国王与两位贤哲的故事。"

　　"没听过。"

　　"有两个人，被称为东方贤哲和西方贤哲，人们把有德才兼备且有智慧的人称为贤哲，但实际上这两个人可没有什么大智慧，而且国王看穿了这一点。"

　　"这和黄先生有什么关系吗？"我还是不明白爸爸为什么开始给我讲故事。

　　"你听我把故事讲完啊。"

很久很久以前……国王把东方贤哲和西方贤哲这两位贤人分别叫到城堡里。国王对他们说了同样一番话："这几年农作物的收成一直不好，百姓的生活也越来越艰难。所以，我想取消赋税，让百姓的生活稍微宽裕一些。"

"原来如此，您不愧是国王，真是太贤明了。"东方贤哲听到这里附和着说。

国王指着旁边面无表情的方脸大臣说道："可是他反对。如果取消赋税，财政就会吃紧，就无法为利民的举措投入资金。例如，修建道路和用水设施，发放学校教师的工资等。因此我们的大臣不建议取消赋税。"

"原来如此，大臣的说法似乎也有道理。"

大臣就在旁边，西方贤哲也不敢贸然发言，同样附和道。

国王接着说："我也非常赞同大臣的意见，所以想请你考虑一下是否应该取消赋税。明天在这里发表一下你的意见吧。"

第二天，在位于城堡深处，前一天面见国王的那个房间，两位贤哲都站在了里面。他们不知道国王分别见了他们两人，心里想着：怎么另一位贤哲也来了呢？

国王先说话了："谢谢你们这两天不辞辛苦地来到城堡，现在可以说出你们的意见了吗？"

"是的，我把意见写在了纸上，放进了信封里。"东方贤哲说。

"我也一样。"西方贤哲说。

"很好，"国王边说边接过了两位贤哲写好的意见，却没有打开信封，而是放在了房间中央的圆桌上。然后国王抬起头，表情十分严肃，"说实话，近年来我对你们的能力产生了质疑。"

"哦，那一定是因为我们的能力不够。我们应该深刻反省。"两位贤哲瞬间变了脸色，但很快就掩饰过去了。

"所以，我决定考一考你们。"国王接着说。

"您说什么？"

"这次让你们进言就是一次测试。如果你们两个人的建议一致，就可以打消我对你们的质疑，我今后会继续相信你们。但是，如果你们两个人的建议不一致，那就说明你们当中至少有一个人是名不副实的贤哲。我的国家不需要这样的人。所以，如果你们的建议不一致，我就把你们两个人都驱逐出去。"

东方贤哲连忙说："国王，您的话好像不太合理啊。我当然不是名不副实的贤人，但如果西方贤哲提出了与我不同的建议，我也要被驱逐出去吗？"

"是的，这也是为了国家的无奈之举。"国王说。

西方贤哲也着急了，插嘴道："不，请等等，这怎么听起来好像不太对，我必须解释一下，我也不是名不副实的贤哲啊！"

国王听得不耐烦了："总之，从现在开始给你们一个小时的考虑时间。你们也可以现在就取消这次进言。不过这样的话，你们今后就不能再被称为贤哲了。当然，考虑到你们的诚实，我可以不把你们驱逐出去。但如果你们不取消这次的进言，就有可能因为建议不同而被驱逐，请务必牢记这一点。要不要取消进言，你们两个人好好商量后再决定吧。"国王说完这些话就走出了房间。

此时，两位贤哲都很苦恼。他们都知道对方是名不副实的，而且他们两个人在是否应该取消赋税的问题上都随意地给出了建议。

东方贤哲记得自己写了什么建议，只是不知道西方贤哲写了什么。他当然知道西方贤哲提出的建议，有50%的概率与自己相同。

而西方贤哲也与他的情形相同。

"我想我们两个人的建议或许只有50%的概率是一致的，但我没有勇气去赌一赌。西方贤哲，我们还是乖乖地取消进言，去隐居吧。"东方贤哲说。

"东方贤哲，我和你的想法是一样的。我们还是向国王低头去隐居吧。"西方贤哲也表示同意。

"那就这么定了。"

两个人仅用了几分钟就结束了谈话。夕阳透过窗子落入房间里，"事业"失败的两个人并排坐在背对墙壁的长椅上，坐着坐着，他们就睡着了……

　　最先被窸窸窣窣的声音吵醒的是西方贤哲。他发现原本放在桌上的两人的信笺被撕碎了，他急忙叫醒东方贤哲："你快看！这大概是老鼠干的好事吧。"

随后，东方贤哲跑了过去。他从被撕碎的信笺上可以看到"赞成取消赋税"的字样。但是从字迹上，东方贤哲知道这不是自己写的。

"我的信笺竟然被老鼠咬坏了，这该如何向国王解释呢？"东方贤哲惊慌失措地喊道。

"啊，这真是太好了。我看到了你的建议。我的建议和你的一样，也是'赞成取消赋税'。我们不需要隐居了，一起去进言吧！"

50% 的概率

"这就是故事的全部内容。"爸爸说。

"这是为什么？因为东方贤哲看到了对方的建议后就知道该怎么做了吗？如果可以这样，他们相互告知对方自己写了什么建议不就可以了吗？"我不解地问。

"是的，没错。正如你所说，知道了对方建议的内容当然就知道接下来该怎么办了。但是，一开始，两位贤哲都自认为是名副其实的贤哲，而对方不是，所以他们的建议内容相同的概率只有 50%，这就意味着他们都有 50% 的可能性被驱逐，所以他们两人一致决定取消进言。两位

贤哲在取消进言的意见上完全一致。但是，如果他们进一步共享信息，也就是相互告知建议的具体内容，他们的决定或许就能改变。也就是说，两位贤哲通过交换建议的具体内容，改变了取消进言的想法。所以，从结果来看，他们早就该交换各自的意见。"

"听你这么一说，我觉得很不可思议，即使双方结论一致，也应该相互再商量一下得出结论的理由。"我惊讶于爸爸的思考力。

"是吧？这也是我要讲这个故事的理由，这个故事的核心是……"

"等一下，我好像明白了，"我总是会像这样打断爸爸的话，我继续说，"具体应该是这样的吧。东方贤哲只知道自己的建议，他认为西方贤哲只有 50% 的概率写了赞成取消赋税。因此，他推断两个人的建议只有 50% 的概率相同。而西方贤哲也是这样的预测。所以为了规避风险，他们一致决定取消进言。虽然两个人对于各自的建议内容'有 50% 的概率相同'这一点的判断是一致的，但是否向国王进言，取决于是否共享信息，也就是说，交换意见与否所得出的结论是不同的。"

"没错。所以通过共享'得出结论的依据'，两个人就改变了主意。"爸爸摸着我脑袋总结道。

"原来如此。这样一来我就发现了王小姐和于小姐之间的问题了。"我恍然大悟。

王小姐和于小姐之间的问题

 "在王小姐和于小姐两个人关系融洽的时期，歌手选拔结束后，她们要讨论很长时间。这一定是'共享彼此判断依据'的时间。所以，即便最初两个人的意见一致，也可能因为之后的交谈而改变决定。"我进一步分析道。

"没错，因为她们的'判断依据'不一样。王小姐的音乐感知力十分出色，而于小姐的审美能力非常优秀。"

"但是在两个人的关系恶化之后，她们就不再分享'判断依据'了。正如故事中两位贤哲在老鼠没出现时一致决定取消进言的情况。"我觉得老鼠的出现就像救世主一样。

"没错，而黄先生就是根据她们的意见挑选了新歌手。现在看来，新歌手没有火起来，应该是没有找到最优秀的人吧。"

"那最优秀的人是什么样呢？"我又陷入了思考。

"假设有两个很有潜力的新人：其中一位整体素质一般，但在王小姐和于小姐各自擅长的方面看来都感觉还可以；而另一位新人的情况是，如果能够很好地把音乐和时尚特质巧妙地结合，这个新人就会大受欢迎，反之就很难引起人们的关注。但是，能否巧妙地结合新人的音乐和时尚特质，则需要王小姐和于小姐两个人讨论后才能决定。

如果缺少讨论的环节，两个人就都没有自信只凭自己的直觉去推荐优秀却略有风险的新人，因此就会推荐能力一般的新人。但如果两人能够进行讨论的话，可能就会发现略有风险的新人实际上今后会更受欢迎。"爸爸解释说。

"黄先生的故事听起来与贤哲们的故事十分相似啊。所谓'巧妙地结合'对应的就是'一致决定进言'。所以，黄先生事业受挫的重要原因还真是王小姐和于小姐彼此不再交谈，不再进行'判断依据'的共享啊！从此黄先生就再也没有成功地培养出优秀的歌手了。"在爸爸的帮助下，我发现自己误解了黄先生。

"是的，所以黄先生也感觉到王小姐和于小姐之间关系的恶化，对选拔歌手这件事产生了某种影响。"爸爸补充说。

访问结束

"你们的课题应该可以完成了吧？"黄先生面带微笑地问道。

黄先生往空了的茶杯里斟满红茶。夕阳西下，此时红茶已经凉了。

"是的，非常感谢。我们给百忙中的您添麻烦了。"

学生们说。

"我一点儿也不忙，因为我已经退休了，退休生活还是很清闲的。"黄先生哈哈笑着说。

女中学生们的笔记本上已经写满了采访记录。据说她们接下来会把这次采访的内容写成报告。目送 4 个女孩穿过大门两侧的丹桂树，黄先生把剩余的曲奇饼干拿到厨房，放在灶台旁的木制台子上，然后回到客厅，坐在沙发上，继续喝茶。他眯起眼睛，呆呆地望着中学生们坐过的沙发，自言自语道："茶已经完全凉了呀！看来我们聊了很久啊，我把茶再热一热吧。"

博弈论知识
工具箱

　　本章是关于黄先生选拔歌手的故事。这个故事的原型来自约翰·吉纳科普洛斯（John Geanakoplos）与赫拉克利斯·波列马凯基斯（Heraklis M. Polemarchakis）于1982年发表在《经济理论杂志》（*Journal of Economic Theory*）上的论文，论文的题目是"我们不能总是意见不一"（*We Can't Disagree Forever*）。这是一篇数理分析论文，探讨了一个问题：如果两个人持续相互告知自己的观点，能否达成共识？其中出现了在故事中所讲述的事例（当然，文中没有出现王小姐、于小姐和贤哲们）。

　　学者间有时会讨论："在你读过的论文中，最喜欢的是哪篇？"每当被问到这个问题时，我就会举出这篇论文。我还记得大学时期，在日本横滨元町的一家我非常喜欢的咖啡馆里，我仔细阅读这篇论文的情景。在这篇论文中，除了黄先生的故事原型的例子之外，还举了许多有趣的例子，充满了探究人与人之间想法的博弈论的妙趣。

在每个人对社会上发生的事情都有着不同的看法，在这种情况下，人们会对彼此的想法进行猜想，这是一种数理上的模型。2005 年诺贝尔经济学奖获得者罗伯特·约翰·奥曼（Robert John Aumann）于 1976 年在《统计年刊》（Annals of Statistics）上发表了论文"同意分歧"（Agreeing to Disagree），这篇论文开启了博弈论的研究，并成为博弈论的基础。

另外，前文所提到的论文中提出了这样的疑问：如果两个人持续相互告知自己的观点，那么能否达成共识呢？正如论文题目所示，答案是肯定的。但是需要注意的是对于这个答案的解释。首先，为了得出这个答案，我们需要用数学来定义什么是"预设"，什么是"持续地相互告知"，什么是"达成共识"。简单地说，论文已证明：如果两个人在同一件事上预测的概率相同，那么他们预测的结果就是相同的。两位贤哲在概率预测时都认为意见相同的概率是 50%，所以他们得出了同样的不去进言的结论。这与论文所证明的内容是一致的。当然故事的核心是，即使判断一致，只要彼此再多分享一些信息，结果就有可能发生变化。

本章要点

即使与他人意见一致，也不能成为我们结束谈话的理由。多分享一些信息，说不定结论就会改变。

"两位贤哲在取消进言的意见上完全一致。但是，如果他们进一步共享信息，也就是相互告知建议的具体内容，他们的决定或许就能改变。"

在共享信息的时候，应该告诉他人的是自己得出结论的依据是什么。

"通过共享'得出结论的依据'，两个人就改变了主意。"

故事 3

如何揣摩对方的行为？

蛋糕店店主田女士的故事：
栗子蛋糕和芝士蛋糕的较量

新蛋糕店的芝士蛋糕

爱琴海蛋糕店店主田女士和她的女儿坐在蛋糕店休息室的圆桌前，深棕色的圆桌上放着一个白色纸盒。盒盖打开的瞬间，被封闭在盒子中的甜美香气就弥漫在面对面的两人周围。

"好香！"女儿说。

"是啊，真好闻，"田女士接着说，"这两个是新开的那家蛋糕店的栗子蛋糕和芝士蛋糕。"

"嗯，栗子蛋糕应该是那家新蛋糕店的主打商品，芝士蛋糕是我们店的主打商品吧？"女儿已经陶醉在蛋糕的香气中，但妈妈也是蛋糕师，她要顾虑妈妈的心情，便接着说："咱们一起尝尝吧。妈妈做的芝士蛋糕是全世界最好吃的，所以您不必担心买来的这块蛋糕比您做的好吃。"

"谢谢，那我们就尝尝看吧。"田女士用叉子叉起一小块栗子蛋糕送进嘴里，但眼睛却一直盯着芝士蛋糕。

"怎么样？"女儿好奇地问。

"嗯，好吃，非常好吃。"

"我也尝尝……嗯，确实不错，很好吃。"女儿迫不及待地吃了一口蛋糕。

不愧是新蛋糕店的主打商品。不知道他们在蛋糕里添加了什么材料，栗子的香甜中还有一种味觉上的刺激感，这种刺激感提升了蛋糕的口感。女儿在心里品评着，同时明智地判断此时应该换个话题："妈妈，我们尝尝芝士蛋糕吧。"

"好，尝尝看。"

两个人同时把一小块芝士蛋糕送进嘴里。

"不错，不错。真好吃！"

女儿不知该如何措辞和评价。心里想：这款芝士蛋糕和妈妈做的完全不同。妈妈做的芝士蛋糕，味道虽有些质朴，但是记忆中的那种味道，吃过后，嘴里会留有芝士的余香。而刚刚吃的芝士蛋糕，口感软软的，入口即化，也许可以说这种口感是时尚的，令人耳目一新。总之这和妈妈做的完全不同，而且没有可比性。

"嗯……不过我还是喜欢妈妈做的芝士蛋糕。"

"'还是'是什么意思呀？这个芝士蛋糕做得也相当不错，我喜欢。"田女士说。

"是吗？我也是。"女儿终于忍不住说了一句。

"什么？你刚刚不是说喜欢我做的芝士蛋糕吗？"妈妈笑着打趣道。

"当然我更喜欢妈妈做的芝士蛋糕，不过我也喜欢这个！"

"哈哈，好吧。这个蛋糕多少钱？"田女士开始关注到价格了。

"那家店的蛋糕都是统一价，一个 20 元。"

"啊！我们店也是统一价，但一个蛋糕 21 元。他们是和我们店比较后才定价的吧。真是过分！"田女士的话语里充满了怒气。

虽然田女士知道不该随意评论别人的事，但还是忍不住抱怨了一句。

车站后面要新开一家蛋糕店的消息传开后的这几个月，田女士就一直坐立不安。新蛋糕店开始营业后，她就怀疑自家店铺的生意会受到影响，于是派自己的女儿去对方店铺打探情况。看来田女士还是很在意对方的店。

"妈妈，您打算怎么办？"

"嗯？什么怎么办？"

"价格呀，我们店蛋糕的定价。那家店的蛋糕更便宜，这样下去的话就会吸引更多的顾客。要不咱们把价格改成 19 元，如何？"

这时，店里传来了声音："有人吗？"

"哎呀，有客人来了。现在不是吃别人家蛋糕的时候，招呼客人了，"说着，田女士朝门口走去，"来了来了。"

越畅销亏损就越多

我和爸爸一边吃着美味的蛋糕，一边聊天："爸爸，女孩的提议不太合适吧？如果田女士把蛋糕的价格降到 19 元，车站后面的那家店主自然也不会坐视不理，肯定会把价格降到 18 元。"

"这样一来，客人还是会被吸引到车站后面的那家店。不如我们也去车站后面的那家店工作吧？那家店的蛋糕好像也很好吃嘛。"爸爸说得好像很轻松似的。

"如果车站后面的新店将价格降到 18 元，田女士也不会毫无反应吧？或许会降到 17 元吧？"我想这样下去结果会更糟糕。

"那车站后面的那家店将降到 16 元，随后田女士就降到 15 元。"爸爸接着我的分析说道。

"是的，然后价格越来越低，甚至到了不能再降价的地步。那么蛋糕的价格会是 0 元吗？蛋糕会免费吗？哪会有这么荒唐的事？"我开始关心两家蛋糕店的命运了。

"价格不会降到那种程度。或许会降到成本价，但不会再低于这个价格了。"

我点点头说："是呀，如果售价低于成本价，蛋糕做得越多损失就越多，与其这样，还不如不做蛋糕呢。"

"对。两家店的成本应该差不多吧？最后两家店都会把价格降到接近于成本价。"爸爸解释说。

"可是这样一来，卖得再好也没有利润啊。"我说。

"是呀。所以两家店很快都会倒闭，对吧？"

"嗯，这确实让人头疼呀。到时候我们要去哪里才能吃到这么好吃的蛋糕呢？"我开始担心起来。

好用的博弈论

竞争对手的价格优势

　　爱琴海蛋糕店里，田女士和客人宋夫人正聊得尽兴。

　　"对了，我去那里了。"宋夫人说。

　　"您说的是哪里啊？"田女士追问。

　　"就是那家新的蛋糕店啊，店名叫'帕提斯'，还是'塞纳河'来着？"

　　"哦，车站后面的那家店呀。具体不太清楚，但名字还挺时髦的呀！和'爱琴海蛋糕店'大不相同呢。"田女士讲了一番自嘲的话，宋夫人却露出一副似笑非笑的表情。

　　"那家店怎么样？"田女士好奇地问。

　　"嗯……蛋糕挺好吃的。刚刚开业没几天。店面大小和这里差不多，但客人很多。"宋夫人的话音刚落，店内就陷入了短暂的寂静。宋夫人感到有必要补救一下刚刚的失言，"不过，我还是喜欢'爱琴海蛋糕店'的蛋糕。就算价格高一点儿，我也会一直来你们店的！"

　　"谢谢。那今天您打算买哪种蛋糕？"田女士微笑地招待着。

　　"嗯，一个芝士蛋糕和……"

两家蛋糕店的定价策略

　　"爸爸您听，宋夫人说哪怕这家的价格稍微贵一点儿她也会来这里买蛋糕。既然有这样的客人，田女士就不用降价了吧？"我问爸爸。

　　"嗯，或许吧。车站后面蛋糕店的定价是每个蛋糕20元。那个店主大概是想压低价格来吸引顾客吧。如果这样还不能吸引到足够多的顾客，就还会再降价吧？现在两家店蛋糕的差价仅仅是1元，如果差价是5元，恐怕田女士的蛋糕店就会流失很多顾客了。"

　　"差价是5元的话，那家新店的蛋糕价格就是16元了。那田女士自然不会毫无反应，或许她会把价格降到11元。"我按照爸爸的思路推测。

　　"没错。不出意外的话，蛋糕的定价会逐渐接近成本价，所以就算两家店的售卖量都提高了，但利润都变成了零。"爸爸说完陷入了沉思。

　　这时宋夫人打开爱琴海蛋糕店的门走了出去。爸爸目送她离开。

　　"不过，利润也未必为零吧？"爸爸又转头对我说。

　　"为什么？"

　　"你看，就算现在两家店的价格相差1元，也仍然有客人购买田女士店铺的蛋糕。所以田女士只要让蛋糕的定价高出成本 1 元，那么每卖出一个蛋糕就能赚 1 元。而且这样的定价还是会有销量的。与其把蛋糕的价格降低至成本价，利润为零，还不如让定价高出成本价 1 元。这样不是更好吗？"爸爸解释得非常清楚。

"嗯，的确如此。这样就不至于没有利润了。但是如果定价高出成本价 5 元的话，就几乎没有客人来买了吧？所以一块蛋糕的利润最多就是 5 元。"

"是啊，如果都是高价的话，两家店就都会倒闭吧。"

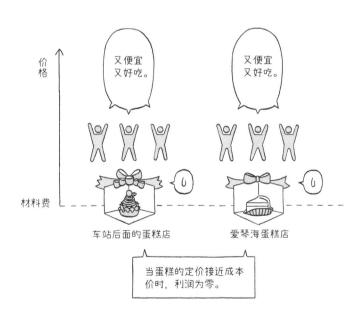

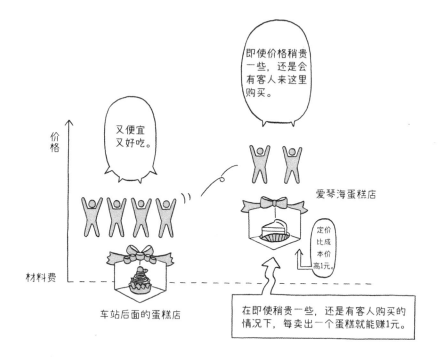

两家蛋糕店的选择

田女士回到蛋糕店休息室的时候，女儿正在玩手机。

"咦，芝士蛋糕还剩了一些？"田女士问。

"嗯，吃不下了。"

"哦，那就给你爸留着吧。"

田女士看着懂事的女儿，觉得要打起精神，一定不能让蛋糕店关门。毕竟这家蛋糕店是从田女士母亲那一代传承下来的。

"难道就没有什么解决办法吗？可真伤脑筋啊。再这样下去，两家店就要进行价格大战了，我们双方很快都会落入几乎没有利润的地步。"田女士烦恼地说。

"妈妈，我想应该没问题的。"

"谢谢你的安慰。"

"不是安慰，我是真的觉得没问题。"

"啊，为什么？"田女士不解地看向女儿。

"如果出现降价大战，你觉得会怎么样？"

"会怎么样？肯定会两败俱伤呀。"田女士正因此而发愁。

"是啊。也就是说，倒闭的不只是我们店，还有车站后面的那家店。"

"真头疼。既然如此，为什么还要特意开新店呢？反正也要倒闭的。"

"对呀。所以他们在准备开店的时候应该也慎重考虑过。特别是附近还有我们这家老店，他们不可能不考虑这点。"

"那是当然。说起咱们这一带的蛋糕店，人们首先想到的肯定是爱琴海蛋糕店，毕竟咱们已经有 50 年的历史了。"田女士的话语中流露出骄傲。

"是吧。可尽管如此，新店还是开张了。说明新店的店主有信心经营好店铺，不至于让它倒闭。"

　　"但是打价格战的结果可真未必如他所料，毕竟我的手艺也不至于拙劣到能让那家时尚蛋糕店的店主产生这样的自信。"

　　"没错！我就是这么想的。所以，车站后面的那家时尚蛋糕店本来就没有打价格战的想法。他们的定价应该一直都是 20 元。"女儿笃定地说。

　　"就算我们店降价，对方也不会降价吗？"田女士不相信地问。

　　"您认为他们会降价吗？"女儿笑着问。

　　"如果他们不打算打价格战，为什么要比我们店的蛋糕便宜 1 元呢？"

　　"那当然有他们的理由啊。我是糕点师的女儿，自然非常了解蛋糕的口味。虽然我的手艺比不上妈妈，但比妈妈看得客观一些。"

　　"什么意思？"

　　"两家店的蛋糕都很好吃。不过，还是妈妈做的蛋糕更好吃，真的，所以……"

　　"所以，"田女士打断了女儿的话，"如果他们不比我们店的蛋糕便宜 1 元的话，就无法招揽到更多客人了，是吗？"

　　"是的。当然，客人也并非只注重价格。店铺离客人的家很近呀，偶然路过呀，这些情况下客人也会买啊。而且客人的心情不同，想吃的口味或许也会不同。虽说价格并非是决定性因素，不过价格多多少少会影响到客流量，这一点是毋庸置疑的。"

"那倒是，其实我们店的蛋糕价格也并非一直都是 21 元。我们也是逐渐提高价格的，每次上调 2 元或 3 元。而且每次涨价后的一段时间内，都会出现客流量减少的现象。"

降价的后果

"爸爸，那家新蛋糕店比这里的定价便宜 1 元，难道那个店主认为田女士不会跟着降价吗？他们的理由是什么呢？"我看到爸爸盯着剩下的蛋糕，舔了舔嘴巴。

"可以设想一下，如果真降价的话，结果会怎么样？新蛋糕店的店主应该考虑过这个问题。"

"考虑过吗？也许新蛋糕店的店主想，不管之后田女士如何降价，他们也不会降价了。所以无所谓吧？"

爸爸摇摇头说："不，也不是无所谓。如果爱琴海蛋糕店通过降价提高了销售额，而他们不再降价的话，那么爱琴海的降价策略就是很好的选择。但如果爱琴海蛋糕店降价，他们也跟着降价，这样一来价格战就开始了。那还是谁都不降价比较好。"

好用的博弈论

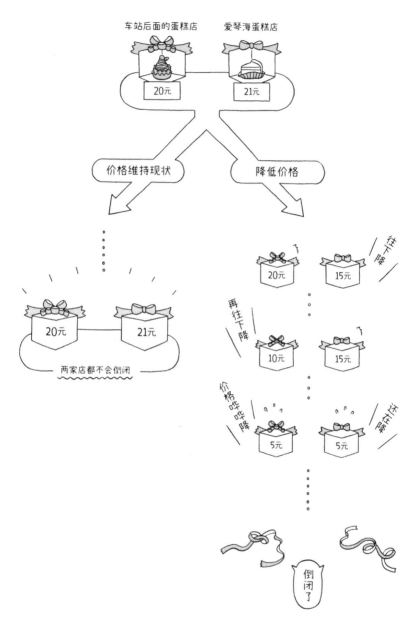

"确实要先考虑好降价的后果。而且，如果两家店都降价的话……价格战就无法避免了。"

"虽然无法确定是否真的会发生价格战，但是，田女士和车站后面的时尚蛋糕店的店主也都在担心真的会两败俱伤吧。因为害怕引起价格战，所以如果双方一直保持着高价，这样两家店就都不会倒闭。那家时尚蛋糕店的店主也是这么想的吧。因此，我们也能吃上蛋糕了。"爸爸一边吃着蛋糕，一边露出满足的表情说着话。

"原来如此。虽然有点复杂，但似乎你分析得有道理……"我打了个哈欠，来到睡觉的地方。因为今晚还要工作，所以现在有必要睡个午觉。此时街上的喧嚣声反而让我睡得更香。

不能协商的结果

"孩子，所以你觉得那家新蛋糕店的店主认为我们店不会降价吗？"田女士还在追问。

"对，那个店主认为我们店不会降价，所以他才会非常自信地把蛋糕的价格定为 20 元。"女儿继续解释道。

"真讨厌。既然这样，事先过来和我们商量一下价格也好呀。"

"但是妈妈，那样做的话好像是违反规则的，您不知道'反垄断法'吗？商人之间商量价格是违反法律的。"

"哦，是吗？如果警察介入的话，会影响我们店的形象，也会影响生意。要知道，顾客对我们蛋糕店的评价一直都很不错！"

"是啊。总之，彼此商量价格是行不通的。不过，如果我们和对方都认为彼此不会降价，那就没关系了。"

"你说得对。好吧，那我就去看店了。"情绪状态完全好转的田女士做出一个右手敬礼的姿势，然后转身向店里走去。

夏天的白天很长，窗外的行人永远显得那么有朝气，田女士很喜欢夏天。

车站后面的蛋糕店开业后的这几天，田女士的店铺客流量确实减少了，销售额只有过去的一半左右。

"比我们店便宜了1元，这个价格正合适啊。"她一边自言自语，一边看着账本，时不时也看看窗外。

透过玻璃窗，田女士看到对面的马路上有一位年轻的妈妈，好像正在跟她的儿子说话。男孩看上去大概有六七岁。男孩的妈妈在鼻子前竖起食指，做出"嘘"的手势。

他们朝蛋糕店这边走来。随后，店门"咣当"一声被打开了。与此同时，传来了男孩欢快的声音："哇，好香啊！"

博弈论知识
工具箱

　　田女士的蛋糕店的故事讲完了。这个故事涉及博弈论的几个基本概念。

　　早在 1883 年，数学家约瑟夫·贝特朗（Joseph Bertrand）就指出，价格竞争的结果就是定价等于成本价。他写了一篇题为"书评：社会财富数学理论和财富理论的数学原理的研究"的论文，并发表在学术期刊《学者报》（*Journal des Savants*）上。在这篇论文中，贝特朗介绍了被称为"贝特朗模型"的理论。在大学学过经济学的读者可能都听说过这一价格竞争理论。

　　当然，现实生活中的商家可能不会将商品的定价设定为成本价。后来的研究也弥补了现实与贝特朗模型之间的背离。例如，即使价格贵 1 元，客人也会去田女士的店里购买，这种情况被称为"存在产品差异的情况"，在这一情况下价格竞争会产生不同的影响；或者现实中商家会考虑"如果我们店降价，对方可能也会降价，所以还是不要降价了"的情况。特别是后者"因为害怕引起价格竞争，所以保持较高的价格"，这一情况至今仍被广泛研究。研究这种情况的理论被称为"重复博弈理论"。

1971 年，詹姆斯·弗里德曼在《经济研究评论》杂志上发表的题为"超级博弈的非合作均衡"的论文中，提到了重复博弈理论。

人们始终处于各种社会关系中，无论是朋友之间的合作关系，还是敌对企业之间的关系都是持久的，而不是单次的。而重复博弈理论就是对这种状况进行的数理分析。

有很多日本研究者活跃在重复博弈理论研究的前沿领域。例如，我的论文合著者神取道宏教授和谷拓生教授仍然活跃在这一领域的最前线。

另外，虽然论文题目中有"非合作均衡"一词，但论文本身证明了在长期关系中建立合作关系的可能性。即使双方都只追求自己的利益，但如果能根据对方的反应采取行动，就有可能建立合作关系。

本章要点

如果竞争企业出售相同的商品，
定价就会降低至成本价。

"最后两家店都会把价格降到接近于成本价。""可是这样一来，卖得再好也没有利润啊。"

商品存在差异时，
即使稍微提高价格也仍会有利润。

"就算现在两家店的价格相差 1 元，也仍然有客人购买田女士店铺的蛋糕。所以田女士只要让蛋糕的定价高出成本 1 元，那么每卖出一个蛋糕就能赚 1 元。"

反复思考当下的是否
为最佳策略，以及如果改用其他
策略时的后果。

"确实要先考虑好降价的后果。"

如果企业之间持续竞争，
价格就有可能维持在较高的水平。

"因为害怕引起价格战，所以如果双方一直
保持着高价，这样两家店就都不会倒闭。"

1 个笑话

小睡一会

1 只老鼠遭遇 100 只怪猫

我走在常路过的那条小巷里。这是一条肮脏、黑暗、狭窄的小巷。我背对着死胡同，瑟瑟发抖，心脏急速跳动，冷汗从我身体的每个毛孔中涌出来。

　　我的面前有一只猫，它的双眼发着土黄色的光，竖着尾巴。唾液从虎牙上滴落。明明是猫，却长有虎牙。现在，这只怪猫试图要吃掉我。不仅如此，它身后还有猫，猫的后面还有猫。这些怪猫排成一队，竟然有 100 只！

　　我抬起头，头顶上是一片细长的灰色天空。我不知道为什么自己会出现在这里。但我知道这些怪猫之间的约定和它们之间的矛盾。它们之间的约定如下：首先由我面前的第 1 只猫来决定是否吃掉我，如果我面前的猫决定不吃，那么这群怪猫就解散，并且后面排队的猫都不能吃我；如果我面前的猫选择吃掉我，那么这只猫吃掉肉质鲜嫩的我之后就可以睡大觉了。

然后，轮到第 2 只猫做决定。即由它决定是否吃掉第 1 只猫，也就是那只吃掉我后睡着的猫。如果它决定不吃，猫群就解散，结果就是只有吃掉我的第 1 只猫吃饱喝足，其他猫都吃不到任何东西；但是如果第 2 只猫决定吃掉第 1 只猫（暂且叫它 1 号猫，后面的猫依此类推），那么吃掉 1 号猫的 2 号猫就可以在吃饱喝足后睡大觉了。

之后就轮到后面的猫，也就是 3 号猫来做决定。为了便于理解，假设我给所有猫的胸前都戴上一个号码牌。关乎自己性命的事，还是要计算清楚。

现在由 3 号猫来决定是否吃掉吃饱喝足后在睡大觉的 2 号猫。如果它决定不吃，猫群就解散，结果就是只有 2 号猫吃饱喝足，其他猫都吃不到东西；但是如果 3 号猫决定吃掉 2 号猫，3 号猫就可以在吃饱喝足后睡大觉了。

吃掉老鼠

等 1 号猫睡着了就吃掉它

等 2 号猫睡着了就吃掉它

等 3 号猫睡着了……

如上所述，这样的过程会持续下去。真是一群可怕的怪猫！如果一直持续到100号猫出场，那么具体的过程就是，1号猫吃饱后被吃掉，2号猫吃饱后被吃掉，3号猫吃饱后被吃掉……现在假设100号猫吃掉了99号猫。虽然100号猫吃饱后满足地睡着了，但它后面已经没有其他猫了，所以这只幸运的100号猫，它的睡梦不会被打搅，睡醒后就可以离开了。

这难道不是非常愚蠢的约定吗？

的确愚蠢。但只要我在这条小巷里瑟瑟发抖，就说明还存在着这个愚蠢的约定。只要有这个愚蠢的约定，我就不得不留在这条小巷里。

我和怪猫之间只达成了一点共识，那就是谁都不愿意自己被吃掉。被吃掉是最糟糕的结果。怪猫最好的结果是在吃饱喝足后不会被打搅，可以安心地睡大觉。肚子饿虽然不是好事，但总比被吃掉好。

那么问题来了——我还有救吗？

我尝试说服1号怪猫。

"猫先生，猫先生，您当然可以吃掉我，这是您的自由。可您在吃饱睡着后，就成了2号猫的大餐啊。您不希望这样的事发生吧？所以还是别吃我了，您觉得如何？"

"哈哈，你这只小老鼠，说什么呢。总之，我会吃掉你，因为吃掉你，我也不会被怎么样。"

"不不，请不要这么轻易地做出决定。"

"真啰唆。听着，我要吃掉你。不过我很慈悲，在吃掉你之前，给你最后一个机会，让你和2号猫说一句话吧。"

"啊？"怪猫就是怪，对我来说这叫什么机会。

1号怪猫接着说："你会说什么？你是不是会说：'猫先生，猫先生，当然您可以吃掉1号猫，这是您的自由。可在您吃饱睡着后，您就成了3号猫的大餐。您不希望这样的事发生吧？所以您还是别吃1号猫了，您觉得如何？'"

"嗯，大概是这样吧。"我想了想，回答道。

"哈哈，果然不出我所料。那你就用这些话去和2号猫商量，然后，即便我睡着了，2号猫也不会吃掉我。所以，我吃掉你根本就没有任何问题。"在这种局面下，这只怪猫还在自作聪明。

但我绝不能认输："但是，假设2号猫吃掉了您（当然那时我肯定是早已经被1号猫吃掉了），我可以先悄悄地和3号猫说，'猫先生，猫先生，当然您可以吃掉2号猫，这是您的自由。可在您吃饱睡着后，您就成了4号猫的大餐啊。您不希望这样的事发生吧？所以您还是放弃吃掉2号猫吧，您觉得如何？'"

"所以，你想说什么？"1号怪猫捋了捋胡须问。

"在这种情况下，即使在2号猫睡着后，3号猫也不会吃2号猫。"

"然后呢？"

"这样的话，2 号猫就会放心大胆地把您给一口吃掉。"

"所以我不能在吃掉你后就马上睡觉了……"

"正是。"

"哎，真麻烦。说起来，我后面为什么排着这么长的队？要是只有我的话，就没这么多麻烦事了。"说着，这只怪猫突然露出狡猾的表情，"不如改简单一些吧。"

"什么意思？"我不知道这只怪猫在想什么鬼主意。

"现在有 100 只猫，太复杂了。如果我们考虑得简单一点儿，就容易理解了。"

它居然还打算给我上课？好吧，我提醒自己，它是一只怪猫。

"假设现在这里只有我的话。"怪猫说。

"那情况可就大不相同了啊。"我附和着说。

"别插嘴，你先听着。总之，这样一来，我就可以在吃掉你之后安心睡午觉了。"

"当然，因为没有其他猫会吃掉您了。"我没忍住，又接话了。

"然后，现在假设除了我之外还有 2 号猫。不过，只有它，后面没有其他猫了。"

"嗯。"

"这样的话……"

"那您就不能吃掉我。因为在您吃掉我之后，只要一睡着，您就会被 2 号猫吃掉。因为没有其他猫会吃掉 2

号猫，所以 2 号猫就可以安心地吃掉您，然后睡大觉。"我解释道。

"确实。也就是说，在只有 2 号猫的情况下，我最好不要吃掉你。那么，如果还有 3 号猫的话，会怎样呢？"

"嗯，这样您应该就可以放心地吃掉我吧。"别吃我啊，我心里想。

"是啊，我也是这样想的，那理由是什么呢？"

这只怪猫居然还来问我理由。

"3 号猫在 2 号猫睡着后就可以去把 2 号猫吃掉。因为 3 号猫在吃饱睡着后，不用担心会被其他猫吃掉。所以 2 号猫就不能吃掉 1 号猫，也就是您。因此即使您在吃掉我后睡着了，也不用担心会被 2 号猫吃掉了。"我不情愿地回答。

"确实如此，哈哈，所以我决定吃掉你。"怪猫的这个决定很突然。

"不不，为什么？"我又开始发抖了。

"你刚刚不是听明白了吗，如果我后面有多于 1 只猫的话，我应该就可以放心地吃掉你。"

"不，不是只有'1 只、2 只、多只'猫，是您后面还有更多猫。猫先生，我们来考虑一下如果有 4 号猫的话，该怎么办？"我努力地拖延时间。我必须尽量争取时间。如果这是在做梦该有多好，要快点醒过来呀！

"我不是说了要吃掉你吗？"怪猫不为所动。

"别，您先冷静一下。4号猫一定也会吃掉3号猫。所以3号猫就不会吃掉2号猫。那么2号猫就可以放心地吃掉您！所以，您最好不要吃掉我。"

"呵呵，也就是说，如果有4号猫的话，我最好不要吃掉你。"

"嗯，是这样的。"我的心情平静了一些，"实际上如果没有其他猫，只有您的情况下，是可以吃掉我。但是，如果还有2号猫，您就不应该吃掉我了。而如果在还有3号猫的情况下，你也可以吃掉我。不过，如果还有4号猫的话，您就不应该吃掉我了。"

"吃、不吃、吃、不吃。"怪猫含糊地重复了一会儿后，好像意识到了什么，"所以，猫的数量如果是奇数我就应该吃掉你，如果是偶数就不应该吃。我果然很聪明！"

"嗯，没错，现在有100只猫。"听到我的声音，怪猫突然严肃起来。然后慢慢地把脸转向我。

怪猫竖起毛，瞪着我。但不管怎么瞪也没用，随后它转过身，愤恨地瞪着身后的队伍。

就在这时，一只老鼠，似乎是我爸爸，从这群猫的队伍最后，沿小路的出口跑了过去。只有100号猫注意到了我的爸爸，它追着爸爸消失在远处的阳光下。

当1号猫再次回过头时，我明白即将要发生什么了。

我认命了，闭上了眼睛。

"喵——"

博弈论知识
工具箱

　　小老鼠正在睡午觉的时候，怪猫来了。这个小故事源自我刚刚接触博弈论时听到的一个故事。当时我还在读大学，是我的指导老师松井彰彦教授给我讲的。只不过，那个故事中登场的是草原上的 1 只羊和 100 只狼。为了结合本书的角色，我进行了改编。

　　在本书的小故事中，老鼠得出的结论是博弈论中被称为"逆向归纳法"的行为预测方法，即在做决策时，先从后一位决策人的角度来预测今后会发生的事情，然后再通过预测结果做出决策。

　　例如，在有 2 只怪猫的情况下，首先分析 2 号猫会如何处理正在睡觉的 1 号猫（即今后将要发生的事情），然后再考虑 1 号猫要如何做出决策。当有 3 只猫时，就先从 3 号猫的角度来分析它的决策，然后再分析 2 号猫的决策，最后分析 1 号猫的决策。像这样，采用与时间流逝的方向（1号猫→2号猫→3号猫）相反的顺序（3号猫→2号猫→1号猫）来进行预测的方法，就是逆向归纳法。

将这一预测方法以寓言的方式讲述出来，就成了老鼠和猫（或者羊和狼）的故事。这个寓言故事不仅是为了帮你学习逆向归纳法，它还告诉我们，这种方法有时会带来与实际不相符的预测。猫的数量从100只变成99只就能改变老鼠的命运，这显然不是合理的预测。

逆向归纳法有时会造成预测的不准确性，但大多数情况下是有效的。例如，如果只有2只猫，1号猫采用逆向归纳法来思考问题，那么它应该会尽量忍住不吃老鼠。我们在进行经济学分析时经常使用逆向归纳法。比如，先预测进入市场后会发生怎样的竞争（即今后将要发生的事情），然后再决定是否要进入市场；或是在谈判中，先预测在提出强硬的提案时对方的反应，以及在提出不太强硬的提案时对方的反应（即今后将要发生的事情），然后再考虑现在应该提出什么样的提案；等等。

另外，我曾向松井教授确认过"羊和狼的故事"的出处，他表示不清楚。据说这是在博弈论学界中流传已久的故事，但谁都不清楚它的出处。

本章要点

由多个决策者依次做出决策的问题是很复杂的，如果简单考虑这些问题，就容易理解了。

"现在有 100 只猫，太复杂了。如果我们考虑得简单一点儿，就容易理解了。"

当由多个决策者依次做出决定时，采用与时间流动方向相反的顺序来思考的"逆向归纳法"可以做出预测。

"4 号猫一定也会吃掉 3 号猫。所以 3 号猫就不会吃掉 2 号猫。那么 2 号猫就可以放心地吃掉您！所以，您最好不要吃掉我。"

有些情况下，逆向归纳法的
预测会不准确。

"当1号猫再次回过头时，我明白即将要发
生什么了。"

故事 4

什么是平衡事态的决策方法？

愤怒女司机牛女士的故事：
被惩罚的善良市民

傍晚的执法站

"喵——"

我浑身冒汗，睁大眼睛，呼吸急促，心跳加快。勉强坐起身，把脸转向传来汽车行驶声音的方向。

博弈路交警支队执法站建在比人行道略高几个台阶的地方。站在这么高的地方，能看清楚路面上的所有情况。躺在台阶上的三色猫舒服地伸了个懒腰，向车站走去。

我松了口气。博弈路交警支队的玻璃滑动门面向街道，狭小的房间里摆放着一张灰色的钢制办公桌，里面坐着一位男警察。他刚满 28 岁，被分配到这里工作已经 3 年了。此刻他正凝神注视着贴在室内的海报。

其实，执法站对我们老鼠来说真是绝佳的工作场所。"警察同志，这回可多亏了您"，像这样说着感谢的话，带着点心来道谢的善良市民非常多。这些警察都不爱吃甜食，也不太在意细节。别人送的点心，他们可能只是咬了一口，就放在桌上出去巡逻了。所以，就算我们把剩下的点心都吃掉了，也从来没有被他们发现过。

但是，我们要想在交警支队吃点心，还是有一些区别于其他"工作场所"的注意事项的。警察出去巡逻时，执法站的门是开着的，所以无论是人还是动物都可以进去。但要是在我们工作时，猫突然闯进来，那可就糟糕了！

交通违章通知

一辆红色轿车停到交警支队执法站前。一位中年妇女从车上下来，快速穿过马路和人行道之间的杜鹃花丛，气势汹汹地朝交警支队执法站走来。

"喂！"还没走上第一个台阶，女人就开始大声嚷嚷，"你们是不是有些过分了？"

一直呆呆地盯着墙上海报的警察被吓了一跳。

"怎么了，女士？"警察问。

"你们是不是太卑鄙了？"女人大声质问。

　　"啊？您为什么这么说呢？"

　　"我说的是你们的那个测速器，测速器！你们这么做不觉得羞耻吗？"原来，女人因为车辆超速被查处了，她超速驾车的画面被测速器拍到了。

　　"牛女士，交通监管是我们的重要任务，是为了保护市民的安全。"警察查到了牛女士的违章记录，并试图安抚她的情绪。

　　"我知道。可是你们为什么要处罚像我这样善良的市民呢？我做过什么坏事吗？"

　　"因为您违反了交通规则啊！"

　　"我是超速了，可我就算超速，也只不过超了一点儿，完全可以忽略不计的。那条道路的限制时速为 35 千米 / 时，我当时的行驶速度不过是 40 千米 / 时。这不就超了 5 千米 / 时吗？而且，超速的车很多，为什么就一定要处罚我？"牛女士越说越激动。

捕鼠器与测速器

　　"哎呀，这位牛女士好像很生气啊。"执法站内嘈杂的声音把正在睡午觉的爸爸给吵醒了。

"哈哈，爸爸，您是不是听到'测速器'①这三个字被吓醒的？要是我们被捕鼠器抓到的话，别说发脾气了，那几乎就等于要没命了。"

爸爸点点头，说："对啊，幸好我们还没有被抓到，真是幸运啊。"

"也不是幸运。而是那些捕鼠器制作得太差了。"

"不，也不都是这样。有很多捕鼠器制作得非常好，就算我们再怎么小心，也有可能被逮个正着。就是因为这些捕鼠器，爸爸才失去了很多好朋友。这样说来现在我们还活着，也算是幸运吧。"爸爸陷入了沉思。

"是的，爸爸，算是幸运吧。而且，有些人家里有捕

---

① 在日语中"测速器"与"捕鼠器"是同一个单词。——译者注

鼠器，有些人家里没有捕鼠器，我们只是碰巧去了没有捕鼠器的人家而已。"然后，我又想到一个问题，"爸爸，为什么不是每家都有捕鼠器呢？要是家家都有捕鼠器，恐怕就没有我们老鼠了吧？"

"嗯，是的。这就是并非每家都放置了捕鼠器的原因。"

我完全没懂爸爸的意思，问："什么意思？为什么不是每家都放捕鼠器呢？"

"假设所有人的家里都有捕鼠器，猜猜我们老鼠会怎么样？"爸爸启发我，问道。

"那样我们就全军覆没了吧？"

"对呀，但如果老鼠全军覆没了，人类还需要捕鼠器吗？"爸爸接着问。

"不需要了吧。"

"这样一来，每个家庭都不用再放置价格昂贵的捕鼠器，也不必定期更换粘鼠板了吧？"爸爸循循善诱地问。

"是啊。"

"那现在我们来假设一下。如果这个镇上有 100 户人家，其中 1 户人家的主人做出决定：最近好像没有老鼠了，所以我们不在家里放置捕鼠器了。于是，剩下的 99 户人家都有捕鼠器，只有刚刚提到的那户人家没有。"爸爸详细地给我解释。

"我想知道是哪户人家撤掉了捕鼠器？"我问了一个对我来说至关重要的问题。

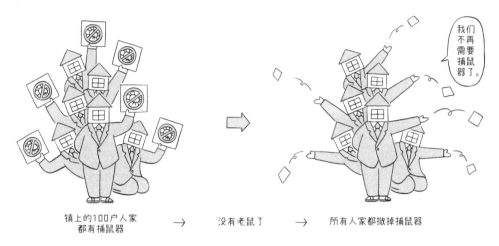

镇上的100户人家　　→　　没有老鼠了　　→　　所有人家都撤掉捕鼠器
都有捕鼠器

  "我是假设嘛,假设有 1 户人家。而且,假设邻镇的老鼠也都在这个镇上。这样的话,这些老鼠就有 99% 的概率会被抓到。其他镇上的老鼠们都会害怕,所以就都不愿意来这个小镇了。"爸爸继续解释。

  "哎哟,连从邻镇来的大部分老鼠都被除掉了。"我为爸爸的这种假设而感到惋惜。

  "没错。因此,这样一来,不仅仅是最初的那户人家,其他人家也不需要捕鼠器了。因为即使偶尔还会有别的小镇的老鼠窜过来,但大部分捕鼠器也是没有收获的。"

  "嗯,老鼠都没了,的确不用再放捕鼠器了。"

  爸爸马上接着问道:"好,那我们假设一下,如果每户人家都撤掉了捕鼠器,又会发生什么?"

"那样的话……可能某天，从其他镇上窜过来的老鼠发现自己在这个镇上完全不会被抓到。然后，其他的老鼠大军就会说：'你看，那只跑去的老鼠好像没事，我们也去吧！'这样一来，老鼠们就会大举攻占这里。"我按照爸爸的思路假设道。

"的确如此。不久后，镇上的 100 户人家就开始谈论起鼠害增多的事。有些人家一时兴起又买了捕鼠器，结果老鼠就被牢牢地卡在里面了，所以他们发现家里还是必须放置捕鼠器。"

"嗯，那放置捕鼠器的人家也会越来越多吧？"

"没错。也就是说，100 户人家都放置捕鼠器的情况不会持续太久。同样，家家都不放置捕鼠器的情况也不会持续太久。"

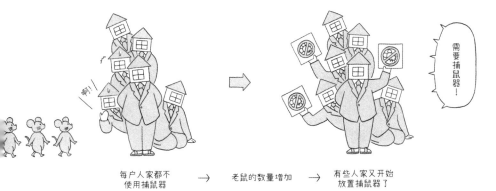

每户人家都不　　→　　老鼠的数量增加　　→　　有些人家又开始
使用捕鼠器　　　　　　　　　　　　　　　　　　放置捕鼠器了

合适的数量

"所以，最后的结果是有的家庭放置了捕鼠器，而有的家庭不放？"我按照爸爸的引导作出了判断。

"没错。"爸爸肯定了我的判断。

"那老鼠们最终还会留在镇上吗？"我好奇地问。

"是的，它们会留下的。不过，不至于镇上到处都有老鼠。因为正如放置捕鼠器的家庭数会达到一个合适的数量，老鼠的数量也会达到一个相应的合适的数量。"

我点点头，说："哦，明白了。如果完全没有老鼠，放置捕鼠器的家庭就会变少，那么之后老鼠就会变多。如果老鼠太多，放置捕鼠器的家庭数量就会增加，这时，老鼠的数量就会相应地减少了。"

"没错，这样一来，老鼠的数量和捕鼠器的数量最终都会达到平衡。"

"在这种情况下，放置了捕鼠器的人家不愿意撤掉，而没有捕鼠器的人家也不想放置。已经来到镇上的老鼠不想逃到邻镇，而留在邻镇的老鼠也不想特意过来。"我兴奋地对爸爸说。

"确实。不过，这样的话……"

我接过爸爸的话："爸爸，我知道你想说什么。所以，我们这个镇上的某栋房子里可能就安装了捕鼠器。因此，我们可能在某一天就会被抓到，也可能永远都不会被抓到。我们很幸运，因为至少直到现在我们还没被抓到。"

爸爸赞同地摸了摸我的头，又耐心地说："另外，制作捕鼠器时，人们并不会考虑什么样的老鼠更容易被抓到的问题。假设他们制作了只能抓到大老鼠的捕鼠器，那么体形小的老鼠就不会被抓到。这样的话，小老鼠的数量就会越来越多。虽然小老鼠不会偷吃太多人类的食物，但如果数量飞速增长，对人类来说也是一种危害吧。还有，房子也是如此。如果一眼就能看出房子里绝对没有捕鼠器，那么这栋房子里一定会有老鼠。不过，这样的人家多半会觉得，即使老鼠来了也无所谓。"

这时，我突然想起一件事："啊，对了，居民们不是已经和灭鼠公司解约了吗？"

"是啊。现在好像是由每家自主决定是否放置捕鼠器。但事实上，即使由灭鼠公司来决定全镇捕鼠器的数量和放置的地点，最终的情况也和现在差不多。"

"嗯，是吧。灭鼠公司想要尽可能削减成本，如果没有老鼠，那么捕鼠器的数量就会减少。如果捕鼠器的数量越来越少，那么老鼠就又开始出现了。一旦出现老鼠，居民们就会开始抱怨。当居民们无法忍耐的时候，就不会再减少捕鼠器的数量了吧。"

"嗯，孩子，你分析得很有道理。"

随机查处

此时，执法站里的那位警察仍在试图安抚牛女士，但她仍然噘着嘴。缝在警察制服胸前的徽章在夕阳的映照下金光闪闪。

"女士，我们只是严格执行工作任务而已……"

"我就是说你们这个任务很奇怪！"牛女士的怒火似乎还无法平息，"为什么只处罚我，我看到还有别人也超速了，为什么不处罚别人呢？"

　　警察接着解释说："女士，请您理解，我们的时间也是有限的，每查处一辆车至少要花 5 分钟，而且，我们除了交通监管之外还有其他工作……"

　　"也就是说，你们从超速的车辆中随机选择要查处的车辆，是吗？"

　　"确实如此。在各种监管措施中，这被认为是最佳方案。从技术角度来说，查处所有超速的车辆或许并非不可能，但如果全部处罚，就没有超速的车辆了。这样就没有必要特意在交通监管上花费时间和精力了，但也不能完全不进行交通监管。如果不监管的话，道路上的车辆都会非常危险。所以，通过随机查处的方法进行监管是最好的方案。虽然可能没有一次性查处所有的超速车辆，但至少查处了其中的几辆车，这样就会起到监管超速的作用。"

　　"那你的意思是遇到这种随机查处，就是因为我运气不好才被抓到的，对吧？"牛女士争辩道。

　　"不，不是。但是，我相信您以后就能遵守交规了，这也算是幸运啊。"警察拼命挤出笑容。

　　"真是啰唆！我不想再听你的说教了。不过，既然是随机的，像我这样善良的市民，就不能这次不处罚吗？"牛女士仍然不依不饶。

　　"不行，既然被测速器抓到了，就不能因为您平时是个好人，这次的违章我们就当没看见。"

"你们只要在查处前判断一下，就行了啊。像我这样开小轿车的人中没有坏人。"

话说到这里，警察也是一脸无奈的表情："好吧，假设开小轿车的人中坏人很少，虽然我没听说过这种事，但也许是这样。假设真是如此，警察对小轿车的超速行为视而不见，于是，驾驶小轿车的司机们就不会再注意开车的速度。就算驾驶小轿车的人都是好人，超速也没被处罚，那这些司机偶尔有急事时就会超速，而超速导致的驾驶失误的概率就会增加，由此导致交通事故的概率也会增加。

而且，坏人觉得被测速器抓到很麻烦，所以越来越多的坏人买车时就故意买小轿车。于是，坏人也会躲避测速器的监管。这可真的不是好事。"警察虽然无奈，仍耐心地解释。

"那么，你能告诉我这是怎么回事吗？以为一定会有测速器的地方，人们都小心翼翼地行驶，结果却没有人被抓。而我认为应该不会安装测速器的地方，却突然被查到超速。这样的设置方法是不是有些过分了？"牛女士还在强词夺理，似乎已经忘记了讨论的目的。

"不不，恰恰相反，如果大家都知道哪里是完全没有监管的地方，大家在那里就不会注意交通安全，这不是很危险吗？为了大家的安全，我们会将测速器随机地安装在各处。"

"哼……"

开走的小轿车

"哈哈！人类也会发出'哼'这样的声音啊。"鼻息粗重的牛女士又以善良市民的身份上了车。随后，她的红色小轿车就从我们的视野中消失了。

"既然'测速器'和'捕鼠器'是同一个词，那么我们的事和超速的事就是一回事啊。"我听了警察的说明惊叹道。

"没错。老鼠就好比是超速驾驶的汽车，而捕鼠器就如同警察实施的交通监管。超速汽车的数量和监管的频率正好处于合适的比例。"爸爸说。

"在这种状态下，警察不会增加，也不能因此减少查处汽车超速的频率。司机们也有'偶尔速度快一些没关系的'想法而超速，因此也会偶尔被抓到。"

"是啊，而活到现在的我们，就像是那些没有被抓到的车，虽然也超速了，但却并没有被抓到。"

"的确。警察并没有对某些车型有特殊的照顾，这就如同是在制作捕鼠器时，人们也并不会考虑什么样的老鼠更容易被抓到一样。同样不存在完全不被监管的地方，就像并不存在一看就知道这里绝对没有捕鼠器的房子一样。"我骄傲地说着，感觉自己比牛女士聪明多了。

"那些从别处流窜过来的老鼠，像什么呢？"爸爸好像在考我。

"哦，它们就像那些明明打算遵守交通规则，却不小心超速了的司机。"我的比喻很恰当。

"说得没错。另外，灭鼠公司的事也和这件事有些相似之处。交通监管的频率并不是由某位警察决定的，或许是由交警队的全体警察，也有可能是根据市、县的方针来决定的。这样一个庞大的组织就相当于灭鼠公司了。"

"是的。的确如此。不过爸爸，您这样一打比方，我突然有些讨厌警察了。牛女士加油！"

此时，警察已经回过神来了。他叹了口气，站起身，从灰色桌子的抽屉里拿出一块牌子，上面写着"巡逻中"。

警察把吃剩的点心随意地放在了办公桌上就出去了，室内空无一人，现在到我们工作的时间了！

虽说现在是我们的工作时间，但并不是每次警察去巡逻，我们都会来这里工作。因为那样的话，那只可恶的猫也一定会趁警察去巡逻时来执法站。为了避免碰到猫，我们只是偶尔来这里。那只猫也偶尔会来。所以，我们还是要格外小心。

我们需要一边留意入侵者，就是那只会突然出现的猫，一边从平台上跳下来。没有比流着汗水、冒着危险得到的点心更香的了。

不过，与其说这是通过挥汗努力而得到的回报，不如说，这只是我们因为幸运而获得的工作酬劳而已。

博弈论知识工具箱

因为超速被抓的牛女士来到博弈路交警支队，向年轻警察抱怨。于是老鼠们发现"测速器问题"与"捕鼠器问题"是有共通点的。这依据的是博弈论中被称为"混合策略均衡"的概念。混合策略均衡是一个比较复杂的概念，大致说明如下："人们在社会中遇到问题，都会做出不同的决策。就算社会处于不停的变化中，这也不意味着人们会因此而改变他们的行为。虽然每个人的决策都各不相同，但每个人的行为都会保持一定的稳定状态。在这种状态下，没有任何人可以因改变自身行为而获益。"

例如，有些老鼠来到镇上，而有些却不来。正是因为采取不同行为的老鼠的比例处于比较均衡稳定的状态，所以没有一只老鼠想要改变自己的行为。

第一个提出"混合策略均衡"这个概念的人是天才

数学家约翰·冯·诺伊曼[1]，这一概念在现代计算机和原子弹的开发中发挥了最重要的作用。1928 年他在学术期刊《德国数学年刊》(Mathematische Annalen)上发表的题为"围棋游戏的理论"(Zur Theorie der Gesellschaftsspiele)的论文中首次提出了这一概念。冯·诺伊曼将这种思维方式应用于猜拳和棋类游戏的博弈中，这种博弈被称为"零和博弈"。在零和博弈中，赢家背后总有一个输家。

1950 年，约翰·纳什[2] 在《美国国家科学院院刊》(Proceedings of the National Academy of Sciences of the United States of America)上发表的题为"N 人博弈的均衡点"(Equilibrium Points in N-person Games)的论文中指出，这一理论也可以用于分析更为普遍的情况。例如，允许相互合作，大家都有可能成为赢家。纳什在学术界非常出名，他的前半生曾被拍成了电影《美丽心灵》。

这一章还讲述了从别处流窜到镇上的老鼠的故事。正因为有了这些随机改变行为的角色，社会才能达到良好的

---

[1] 计算机科学家、物理学家，20 世纪最重要的数学家之一。被后人称为"现代计算机之父""博弈论之父"。——译者注
[2] 博弈论创始人，著名数学家、经济学家，电影《美丽心灵》的男主角原型。——译者注

平衡状态。研究这种状态的理论被称为"演化博弈论"和"博弈学习理论"。演化博弈论也被广泛应用于生物学中，故事中"流窜的老鼠"相当于生物学中的"突变"。

演化博弈论和博弈学习理论，对分析很多合理的情况很有作用。在合理的情况下，社会中的每个人通常都会努力去适应他们的环境，但有时却试图通过试错来找到更好的行为模式（从别处流窜而来的老鼠）。社会上的人们最终会采取什么样的行为模式呢？在各种条件下，人类在社会中的行为模式会先利用混合策略均衡的方式进行预测，然后确定自己的行为模式，并且稳定下来。

本章要点

人们在社会中的行为模式
会在谁都不想做出改变的状态下
趋于稳定。

"在这种情况下，放置了捕鼠器的人家不愿意撤掉，而没有捕鼠器的人家也不想放置。已经来到镇上的老鼠不想逃到邻镇，而留在邻镇的老鼠也不想特意过来。"

有时社会上的随机行为
其实是具有合理的理由的。

"也就是说，你们从超速的车辆中随机选择要查处的车辆，是吗？""确实如此。在各种监管措施中，这被认为是最佳方案。"

不假思索采取行动或行动错误的人，有时能帮助社会达到良好的平衡。

"你看，那只跑去的老鼠好像没事，我们也去吧！"

故事 5

沉默传达了哪些信息？

补习班老师闫先生的故事：
被藏起来的成绩单

考试成绩单

"听好了，回来后要给我看成绩单。"闫先生对儿子小闫说。

"知道了，真啰唆。"小闫不耐烦地回答。

"什么啰唆，回来后一定要给我看成绩单。"

"走了。"

"不应该说'走了'，这样对长辈很没礼貌，而要说'好的，我走了'。"

"好，好，我走了，我走了。"

从玄关处传来模糊的说话声和急促的关门声。随后，家里一下就安静了。

"你这当妈的也得管管孩子吧？这次他的成绩如果不太好，可能就不给我看成绩单了。"闫先生开始埋怨妻子。

"你别管那么多了。再说,成绩不好就不好吧,孩子会自己慢慢成长的。"闫夫人一边在化妆台前打扮,一边安慰着丈夫。

他们唯一的儿子就读于一所私立高中,从家到学校坐地铁不到一小时。只要小闫和妈妈坐同一班地铁去上学就来得及,但他似乎并不愿意和妈妈一起走,而是乘前一班地铁去上学了。在儿子出发后 10 分钟左右,妈妈也去上班了。

闫先生才刚刚起床。他经营一所面向小学生的补习学校。学校的上课时间比较晚,所以对闫先生来说,早上的时间比较充裕。闫先生穿着睡衣,一边喝着闫夫人为他泡的咖啡,一边担心着儿子的成绩。

在闫先生的悉心辅导下,儿子的成绩一直都不错。但儿子在升入高中后却开始回避爸爸,最近回家的时间也越来越晚。高中二年级的暑假,小闫就要开始准备大学入学考试了。闫先生一想到儿子如此疏于学习,就替他的将来担忧。

如果孩子的成绩不好,他总会有办法应对。可如果儿子不让看成绩单,那父母就无能为力了。虽然儿子之前从未有过不给他看成绩单的情况,但最近儿子的表现让闫先生很担忧!

"他这次会给我看成绩单吗……"闫先生自言自语道。

乘坐比妈妈早一班地铁的小闫,此时手里正抓着车厢内的扶手，对站在他旁边的同学抱怨道："真是的，我爸真的很烦。"

同学把脸转向他说道："那有什么不好？因为你爸关心你啊。我爸爸就什么都不说。"

"真好，羡慕你。"

"但是我感觉不到被关心啊！"

"那你要给你爸看成绩单吗？"

"这个……还是根据成绩决定吧。"

"啊，你太狡猾了。"

"这不是什么狡猾。如果我不给他看，他肯定会想：这次成绩一定很差。所以就算我不给他看，不是也像给他看了一样嘛。"

"嗯，说得好像也有道理。"

跳高"成绩单"

"真是的，爸爸真的很烦。"我望着喝着晨间咖啡的闫先生，喃喃自语道。爸爸正在屋外巡视。爸爸说我的弹跳力还不足以成为一只合格的老鼠，所以要努力练习，要能从地上直接跳到闫先生家的餐桌上才行。爸爸回来后一定会问："你能跳到餐桌上了吗？"

即使我能跳上去了，也可以无视爸爸的要求，先从地板跳上椅子，再从椅子跳上餐桌。但如果我能跳上去，我应该还是想让爸爸看到的吧。

可事实是，我仍然不能直接跳到餐桌上。不过我希望爸爸认为我已经可以跳到餐桌上了。所以，我盘算着如果他问我，我就先不回答他。

闫先生刚一出门，爸爸就回来了。

"哎呀，今天闫先生家的人心情都不太好啊。小闫和闫先生都是嘴里嘟囔着'哼''唉'出门的。"爸爸也发现今天闫先生家的气氛很微妙。

"今天要公布期中考试的成绩了。因为成绩单的事，他们一大早就闹得不太愉快。"

"啊，但是小闫的成绩一直很优秀呀。"

"是啊！不过他最近好像对学习不太上心。"我在工作时发现他最近总是在房间看手机。

"是吗？先不说这个了。你能跳到餐桌上了吗？"爸爸又开始了。我决定保持沉默。

"不会吧？你还是跳不上去啊！"爸爸一副难以置信的表情。

"我也没说我跳不上去啊！我可什么都没说。"

"即便你不说我也知道呀！人们不是说'沉默是金'吗？什么都没说，就等于说了什么，也有价值。"

"啊!是吗?不过,'沉默是金'是这个意思吗?好像有点不对劲……但是,我的沉默等于说了什么呢?"虽然我很心虚,但还是表现得理直气壮。

思考"如果"

"我们要是想知道他人行为所代表的含义,比如我们正在讨论的关于你沉默的含义,就要思考'如果'这个问题。意思是,如果对方做出了不同于现在的行为,结果会怎么样。"爸爸说。

"如果我直接从地板跳到餐桌上,那您马上就知道我已经学会这个技能了。"我顺着爸爸的思路说道。

"是啊,而且只有在你真正能跳上去的情况下,你才能这么做。"爸爸从地板跳到餐桌上,继续说,"对了,你刚才不是问,为什么你明明什么都没说,但爸爸就能断定你跳不上去吗?"

"嗯,是的。"

"其实你想说,即使你能跳上去,也可以保持沉默,所以你刚刚才会什么都不说?"爸爸猜得好准。

"嗯,就是这么一回事。"我装腔作势地说。

"哦,是吗?不过,爸爸觉得,如果你能跳上去的话,哪怕是有一点儿想要保持沉默的想法，都是有问题的。"

"有问题？有什么问题？"

"你想象的关于爸爸对你沉默的看法。"爸爸温和地说。

他人头脑中的想法

"嗯？什么意思？"我不解地问。

"如果你能跳上去却什么都不说，保持沉默，是因为什么呢？"爸爸问道。

"因为我觉得，您应该信任我，即使我什么都不说，什么都不做，爸爸也应该相信我能跳上去。"

"也就是说，你想象中的爸爸对于你的沉默，会确信'我的孩子能跳上去'。同时，爸爸也应该坚信，如果你跳不上去的话，就一定会坦诚地说出来。如果爸爸不是你想的这样，那在面对你保持沉默的时候，才会想'这孩子可能还是跳不上去'。"

"咦？所以我想的是，爸爸以为我是'沉默代表能跳上去，而跳不上去就一定会承认'的孩子。但是，我只有在认为爸爸应该会把我的沉默当作跳不上去的情况下，才会坦白自己跳不上去。"

爸爸点点头说："是的，只有当你认为爸爸的看法是

'当孩子保持沉默时，就代表她无论如何都跳不上去'，此时你才会坦白自己跳不上去。"

"嗯……虽然有些复杂，不过事实大概如此。如果爸爸是这样想的话，我能跳上去就跳。因为既然我能跳上去，就不想让别人认为我跳不上去；如果跳不上去，沉默也没用，那我就一定会直接说出来。"

爸爸微笑回答说："是的，你认为爸爸确信你会这么做。"

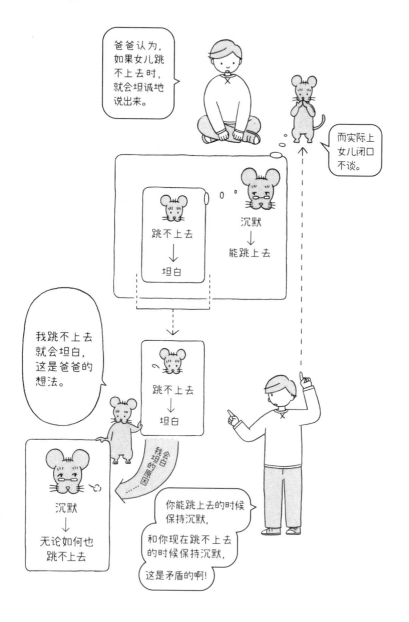

　　"咦？但是这很奇怪。实际上，我头脑中想象的是您看到我保持沉默应该认为我能跳上去，对吧？但我又认为您会以为我是能跳就直接跳，不能跳就会直接说的孩子，也就是说，您实际看到的情况和您认为我应该会做出的行动是不一样的。"我意识到了自己的矛盾之处。

　　"没错。你所认为的爸爸对你的看法是有问题的。我的想法是，女儿如果能跳上去就会直接跳；如果跳不上去就会告诉我。所以，我就不会认为你在能跳上去的情况下也保持沉默。"

　　"哦，您认为我能跳上去的话就一定会跳，而沉默之后没有跳，就等于跳不上去，是这样吗？"

　　"没错。"

　　"原来如此，我明白了。正如您认为的那样，我还不能跳到餐桌上。"我羞愧地低下了头。

隐藏的漏洞

　　"哦，你明白了吗？不愧是我的孩子，真坦诚。其实，我们刚刚聊的内容里有个小漏洞，是逻辑上的漏洞。"

　　"啊，是吗？那就是说，我也有机会让爸爸觉得我能跳上去，对吧？"我很想知道漏洞在哪儿。

"不，应该没有机会。你刚刚不是说'我明白了'吗？虽说有漏洞，但我们之间讨论的内容并没有错误，还是很有针对性的。"

"啊，是吗？虽然我对那个漏洞也很感兴趣，但我的头脑已经很混乱了。既然大致情况对得上，而且反正我也没有挽回的机会，那就这样吧。"

"嗯，那就这样吧。"

爸爸究竟看到了怎样的漏洞呢？如果我也像爸爸一样积累了丰富的经验，就能明白吗？我闭上眼睛想象着，竟然不知不觉睡着了……

梦里漆黑一片。

那边突然出现了一个小洞，有一道光射了进来。

小闫从洞里钻了进来，手里拿着成绩单，上面应该写着分数，可因为光线太暗，我看不清。

黑暗中，好几张餐桌摞在一起，小闫一级一级地向上跳着。

小闫在最上面的餐桌前打开了成绩单。与此同时，洞口越来越大，白光晃得我头昏眼花。

睁开眼睛，我正在白光中，站在餐桌堆里，脚边写着大大的数字"9"。

小闫在上面一层的餐桌上喊着："跳上来，这里是10。"

我抬起头，噘起嘴："虽然能跳上去，但还是算了吧。"

"能跳上来就跳吧，跳不上来也没关系。"

能跳上去，还是不能呢？

是 10，还是 9？

成绩是不是 10 分呢？

　　"今晚闫家的人大概都几点回来呀？"
听到爸爸的问话，我迷迷糊糊从睡梦中醒来。

　　"平时的话，闫妈妈最早，7 点到家。
小闫大概 8 点吧，不过最近似乎总是很晚回来。闫先生
要等补习学校放学后才回来，大概 9 点半吧。"我比爸爸
更清楚闫家人的回家时间。

　　"小闫会在爸爸回家后拿出成绩单吗？"

　　"哎呀，爸爸，您觉得小闫会什么都不说吗？我认为
小闫应该会好好报告成绩的。"

　　"我想小闫不会拿出成绩单的。"爸爸说。

　　"为什么？"

　　"一定是这样的。"

　　"一定是这样？这根本没解释我的问题呀。"

　　"你为什么这么想？"爸爸好奇地看着我。

　　我放下手中的工作，转身面对爸爸："我觉得这和我跳跃的问题是一样的。"

　　"说说看？"

　　我解释道："按照我之前的想法，假设小闫的成绩为10分，但有可能不给爸爸看成绩单，因为在小闫看来，闫先生即使在小闫不给他看成绩单的情况下，也应该相信小闫的成绩是10分。"

　　"怎么可能？沉默就意味着有什么愧疚的事。小闫的成绩怎么可能是10分呢？ 10分可是最好的成绩。"

　　"不，爸爸，我说的是，虽然小闫的成绩是10分，但有可能不给闫先生看成绩单的情况。当然我们都认为不会出现这种情况……但是如果在这种情况下，小闫认为他爸爸确信，如果小闫不给他看成绩单，那就是10分；反之，如果成绩低于10分，小闫就会拿出成绩单。"

"嗯，也就是说，小闫认为闫先生的想法是：如果小闫的成绩低于 10 分，就一定会给他看成绩单。"

"就是这样。在成绩低于 10 分的情况下，小闫会给闫先生看成绩单，是因为他认为闫先生的想法是，如果小闫不把成绩单拿出来，那成绩就一定低于 10 分。也就是说，小闫的成绩是 10 分时，要给闫先生看成绩单。因此，小闫认为闫先生的想法是，儿子的成绩无论是 10 分、9 分还是 9 分以下，都要拿出成绩单给他看。"

"原来如此。"

"可是，这和小闫没给闫先生看成绩单的情况是矛盾的。"

"哈哈。这确实跟你能否跳上餐桌的情形很像，或者可以说情况完全相同。不过，结果会如何呢？成绩是 10 分的话就给闫先生看成绩单，低于 10 分就不给闫先生看，是这样吗？"

"是的，爸爸。现在我们知道，在成绩是 10 分的情况下，小闫一定会给闫先生看成绩单。所以，如果小闫保持沉默，那么最高成绩可能就是 9 分。"我继续分析道。

"是吗，所以呢？"爸爸鼓励我继续思考。

"所以，按照刚刚的思路来继续考虑的话，如果小闫得 10 分就一定会拿出成绩单，所以排除 10 分这一情况。假设小闫的成绩是 9 分，他可能就不给爸爸看成绩单了，对吧？"

"原来如此。此时小闫认为闫先生的想法是，即使小闫没有拿出成绩单，他也应该相信小闫的成绩是 9 分。反之，闫先生认为，如果成绩低于 9 分，小闫应该也会拿出成绩单给他看，是吧？"

"嗯。也就是说，小闫认为闫先生的想法是，小闫的分数如果低于 8 分，就一定要把成绩单拿出来。"我对爸爸说。

爸爸也顺着我的思路开始分析："嗯。所以，只有当小闫的成绩低于 8 分时，才会给闫先生看成绩单，因为他相信就算不拿出成绩单，闫先生也会认为他的成绩低于 8 分。如果是这样的话，小闫的成绩是 9 分时，就应该给他爸爸看成绩单。小闫认为闫先生的想法是，小闫的成绩无论是低于 9 分还是低于 8 分，都会把成绩单拿给他看的。"

"那么，这个分析结果就和小闫并没有拿出成绩单这一实际情况是矛盾的啊。"

"原来如此。所以即使分数是 9 分，也要给闫先生看成绩单啊。"

"没错。如此只有成绩低于 8 分的时候才保持沉默。但是这样的话，就和刚刚分析的一样，成绩是 8 分的情况下小闫也要拿出成绩单。"

"是吗？"

"以此类推，成绩是 7 分、6 分以及更低，即使是 2 分，我想他也会拿出成绩单。"

"如果成绩是最低分，只有 1 分呢？"爸爸继续问道。

我回答说："这样的话，给不给闫先生看就没有差别了。给闫先生看，当然就会被发现成绩是 1 分，不给闫先生看，也会被认为是 1 分。这与当我沉默时就代表我跳不上去的情况是一样的。"

"嗯，不过结果就是，无论成绩如何，闫先生都能看到成绩单，对吧？嗯，我明白了。"

爸爸沉默了一会儿，接着说："不，我还是不太明白，脑子里一片混乱。虽然我觉得每个讨论环节都明白，但整体上还是不太能够理解。成绩是 2 分也要给闫先生看成绩单吗？有这种可能吗？"

"嗯，我认为是有可能的，或者说是必然的。"我坚信自己的分析是对的。

沉默的答案

当晚 9 点，补习学校放学后，匆匆结束工作提前回家的闫先生坐在电视机前喝着咖啡。他已经不知道今天喝了几杯咖啡了。

"这么晚了还不回来，他在干什么呢？"闫先生生气地问闫夫人。

127

"别担心了，高中生也很忙的。"

"有那么忙吗？成绩单呢，成绩单呢？"

这时，玄关处传来开门的声音，说曹操曹操到。家里又恢复了年轻的朝气。

小闫快速穿过客厅，走向楼梯。他的房间在 2 楼。

"喂，这么晚了，你到底去哪儿闲逛了？把成绩单给我看看。"闫先生迫不及待地追问道。

"去哪儿都可以吧？我回房间了。"小闫根本没提成绩单的事。

"不要回房间。你的成绩怎么样？"

小闫沉默地离开了客厅。

楼下传来闫先生的怒吼声："这孩子到底怎么回事？"但是小闫毫不在意。

"算了，别管他了。什么都别说了，等他主动向我们说出来吧。"闫夫人拉住准备冲上二楼的闫先生说。

回到卧室后，小闫掏出手机，看到同学的一条留言："今天我们都辛苦了，都努力学到很晚啊。"

"嗯，在图书馆学习的效率很高。为了我们能一同考上大学，今后也要努力！"小闫回复。

"你给你爸看过成绩单了吗？"

"没有。"

"你不是说也要学我，根据成绩来决定给不给他看成绩单吗？"

　　从小闫随手扔在地板上的书包里掉出了成绩单，上面
有"10"这个数字。

　　"嗯，如果之后成绩下降的话，我就给爸爸看成绩
单，拜托他帮助我学习。"小闫回复道。

博弈论知识
工具箱

　　这个故事讲述的是小闯会不会给爸爸看成绩单的事，看上去有点复杂。

　　其实，在很多论文中都提到了这种情况，比如 1980 年桑福德·格罗斯曼（Sanford J. Grossman）和奥利弗·哈特（Oliver Hart）在《金融杂志》（*Journal of Finance*）上发表的题为"披露法和收购竞标"（*Disclosure Laws and Takeover Bids*）的论文。

　　这是一篇数理分析论文，文中分析了金融商品交易法应该要求发售股票的企业公开多少信息，如果不要求公开信息的内容和数量，企业又会主动公开多少信息。

　　分析表明，当所公开的信息被赋予优劣等级（如 10 级优于 9 级），那么即使不强制公开信息，也能达到老鼠父女得出的"任何信息都将被公开"这一看似反直觉的结果。这个结果是否是对实际问题的合理预测，就像怪猫的故事一样，让人抱有怀疑态度。

这里需要注意的是，公开信息的一方（企业或小闫）是不能公开虚假信息的，所以不管怎么样，我们要相信小闫不会篡改成绩单后再给爸爸看。如果可以说谎话，那么信息的传达程度就要另当别论了。

1982 年，文森特·克劳福德（Vincent P.Crawford）和乔尔·索拜尔（Joel Sobel）在学术期刊《计量经济学》（Econometrica）上发表了开创性的文章"战略信息传播"（Strategic Information Transmission），首次讨论了可以说谎的案例。

借助这篇文章的研究成果，至今仍有许多人进行更深入的相关研究。我本人对此也很感兴趣，一直致力于此项研究。所以，在可以说谎的情况下，说谎并不需要付出任何成本，用专业用语表达就是"廉价磋商"。

顺便自我宣传一下，我发表在《理论经济学》（Theoretical Economic）杂志上的论文"多层级的廉价磋商"（Hierarchical Cheap Talk），与阿蒂拉·安布拉斯（Attila Ambras）和爱德华多·阿塞韦多（Eduardo Azevedo）合著，分析了一种传播的情况，在这种情况下，一个人与下一个人交谈，而下一个人再与下一个人交谈……就像传话游戏一样。

　　尽管人们通常认为，当人们处于信息发送者和信息最终接收者之间时，信息不太可能被传递，比如传话游戏。但不可思议的是，通过这篇论文，使我们了解到实际上可能有更多信息被传递。不过，大家对这篇论文的结论能否被称为合理的预测这一点抱有怀疑态度。

本章要点

沉默也能传达说话者的意图。

"什么都没说，就等于说了什么，也有价值。"

想要打破对方的沉默，
倾听方就要进行详尽的思考。

"我们要是想知道他人行为所代表的含义，比如我们正在讨论的关于你沉默的含义，就要考虑 '如果' 这个问题。"

在公开的信息有优劣之分的情况下，
讲话者会公开所有信息。

"依此类推，成绩是 7 分、6 分以及更低，即使是 2 分，我想他也会拿出成绩单。"

即使在逻辑上是正确的，
如果逻辑线太长，
人们也未必会按照缜密的逻辑而行动。

"我们刚刚聊的内容里有个小漏洞，是逻辑上的漏洞。""虽然我觉得每个讨论环节都明白，但整体上还是不太能够理解。"

故事 6

怎样观察他人的行为并思考？

于夫人母子的故事：
"随心所欲"与"喜怒无常"的理由

左等右等

　　没想到，我和爸爸走散了。爸爸说要去阁楼上没去过的地方侦察一下，就走了。我去厨房里快速检查了一下，以确保晚上工作顺利，然后回到了楼梯平台。但是，爸爸还没回来。而且直到现在也没回来。"真是的，爸爸怎么还不回来？唉！"

　　我们是最近才来于夫人家工作的。我还不太清楚这家成员的详细身份，也不太了解这栋房子的构造。

　　然而，这并不是导致我和爸爸走散的原因。我们在工作的每一户人家里都会约定一个走散时的集合地点。在于夫人家，我和爸爸约定的集合地点是楼梯平台可以俯瞰客厅的窥视孔处。这是一个很容易找到的地方，不会迷路。"爸爸怎么变笨了？"我的心里一直在抱怨。

我等了很久，爸爸也没回来。屋外雨下个不停，屋内也混杂着潮湿的气味，这妨碍了我敏锐的嗅觉，我闻不到爸爸的气味了！

随心所欲与喜怒无常

客厅里，于夫人打开了笔记本电脑。雨水敲打在客厅的玻璃门上，透过玻璃门可以看到后院的绿植。

"太好了，销量不错。"于夫人高兴地舒了口气，露出满意的笑容。厨房里不时地传来电热水壶烧水的声音，于夫人走进厨房准备冲杯咖啡。

电脑屏幕上显示着名为"塞纳河蛋糕店销量预测"的表格文件，大概是于夫人经营的蛋糕店的营业额预测。表格中纵向排列着各种蛋糕的名称，有栗子蛋糕、芝士蛋糕、奶油蛋糕……旁边一栏写着价格，都是 20 元。每个蛋糕的名称旁边还写着之后每周的销售额预测。根据预测的销售额来看，至少接下来的几个月，蛋糕都能保持目前的这个价格销售。

于夫人泡好咖啡，拿着马克杯回到客厅，玻璃咖啡桌上放着电脑和手机，她把杯子放在旁边。就在此时，她的手机响了。

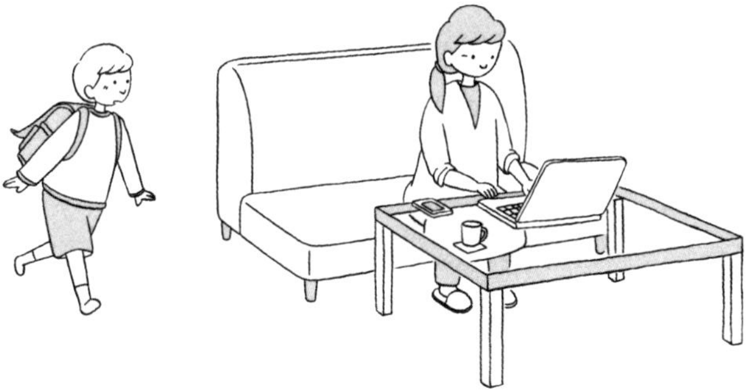

“喂，您好啊，黄先生……呃，今天吗？今天是休息日，所以没出去。嗯……明天可以吗？好的，好的。嗯，我知道了。下午3点。没问题，一直以来给您添麻烦了。”

放下电话，她心烦地叹了口气，说：“真是随心所欲，一点儿也不考虑别人。”

“怎么了，妈妈？”于夫人旁边突然传来说话声。

于夫人站起身：“啊，吓我一跳。你回来了。到家至少要说一声‘我回来了’！”

“我说了呀，是妈妈你没听到。”男孩背着被雨淋湿的书包，噘起嘴，“妈妈，刚才是谁打来的电话呀？”

“啊，是妈妈蛋糕店的房东。”

“嗯？是那个住在山上大房子里的人吗？我很喜欢那个人，他看上去很亲切。”

于夫人喝了一口咖啡，说：“是那个人。刚刚他突然打电话问我今天能不能去店里一趟。他好像要检查一下地下室，说地下室不能放蛋糕店的东西，所以希望我也能过去看看，而且非要我今天过去不可。我也有很多安排，真希望他不要随心所欲地打乱别人的计划。"

"哦。"

"呀，你的眼睛怎么肿了？是不是在回家的路上和朋友吵架了？"于夫人发现儿子的情绪有些低落。

"啊，您看出来了？不过我不是和朋友吵架，而是被老师训斥哭了。"男孩小声地说。

"啊，怎么回事？"

"没什么。我觉得我们老师是个喜怒无常的人，今天她好像心情不好。"

"哎呀，你还知道'喜怒无常'这么难的词呢。但我觉得老师不会因为自己心情不好而把学生们训哭。一定是你做了什么让老师发火的事吧？我觉得老师训斥你是有原因的。所以，你需要向妈妈解释到底发生了什么。"于夫人严肃地说。

被误解的老师

 我还在楼梯平台上等着爸爸。他到底在干什么呢？我们不是说好走散了就来这个平台集合吗？这么重要的事，难道他忘了吗？

　　我一边等爸爸，一边继续偷听于夫人和她儿子的对话。于夫人似乎在安抚他。

　　虽然也会有不称职的教师，但绝大多数教师都是怀着崇高的理想从事教育工作的。所以，他们有时也不得不严厉地对待可爱的孩子们。正如于夫人所说，小于一定犯了什么错。

　　但是，也有一些家长一听到自己孩子的哭诉，就认为老师有错，甚至去学校投诉。遇到这样的事，老师往往也是无法忍受的。

　　"家长也有家长的问题，孩子和老师之间发生了什么事，首先应该考虑其中的原因。这么简单的事，为什么做不到呢？"这是爸爸说过的话。在我们来于夫人家之前，曾经去过一位中学老师的家，爸爸在听他们的对话时有感而发地说了这些话。因为在这位老师家里工作，我们才知道很多老师都有崇高的职业理想，也才知道有些人类家长动不动就找老师来理论和抱怨。

人做任何事都是有理由的

　　于夫人的儿子在学校被老师训斥的原因已经明确了：他是因为放学后在校门口附近的车道上玩球被骂了。

学校附近的居民抱怨偶尔有球飞到院子里。所以，学校给家里发过通知，要求家长督促孩子不要在回家的路上玩球。老师也向于夫人的儿子讲了这件事的危险性，但他似乎被老师怒气冲冲的气势吓到了，没有好好听完老师的话就开始哭了。

"嗯，我知道错了。明天我就向老师道歉。"男孩也意识到了自己的错误。

"对啊。你真棒！今后要好好地听老师的话。老师并不是因为心情不好而发火，而是因为你做错了事。所以，不要认为老师太可怕了，而是要想一想老师为什么生气。人做任何事一定都是有理由的。"

"知道了。"

"乖孩子。"开导完儿子，于夫人关上电脑，喝了一口咖啡。

"对了，妈妈，您的心情好些了吗？那房东为什么非要您今天过去呢？"

"谁知道呢。那个人真是太随心所欲了。今天突然想起来这件事，就非要今天做不可！"

"妈妈，房东一定也有什么理由吧。"

"会有什么理由呢？"于夫人不经意地说。

"您看，我觉得老师是个喜怒无常的人，所以才会对我发火。其实老师发火是有理由的，对吧？妈妈刚才不是告诉我，人做任何事都是有理由的吗？房东应该也不是一时兴起，可能是有什么理由才选择今天吧？

于夫人眯着眼睛看了看儿子，没想到儿子的领悟力还真是不错。

找爸爸行动

直到现在还在楼梯平台上苦等爸爸的我，一边领会于家母子二人的推论，一边思考房东到底会有什么理由。他是有什么只能在休息日交给于夫人的东西吗？还是房东突然决定明天要住院，所以必须在今天之内办完事？又或者是和这场雨有什么关系吗？

好了。和这件事相比，更重要的事是爸爸还没回来呢。我在昏暗的楼梯平台上思考了一会儿。"人做任何事都是有理由的。"我在琢磨这句话。

突然我决定行动起来，去找爸爸。

我先绕平台跑了一圈，仔细看了看，爸爸果然不在这里。我爬上了二楼，检查了卧室、厕所和儿童房，没有找到爸爸。我从儿童房爬上阁楼，爸爸也不在这里。我又到一楼的盥洗室、玄关处、客厅和起居室，还是没有找到爸爸。我又到餐厅、厨房，最后到了另一个平台，原来爸爸在这里！

　　我不知道这里也有平台。不过，这里和我刚刚去的平台之间好像被墙壁隔开了。爸爸的尾巴被这里的粘鼠板粘住了，动弹不得。

　　"你终于来了。"爸爸看到我，露出了笑容。

　　我抬起头看向爸爸，说："我本来在约定地点的楼梯平台等着你，可您一直不来，我就很生气。真想问问您，在想什么呢？可我认真思考了一下。爸爸一定是有什么理由才没回来吧。可能是因为遇到了什么事回不来了吧。说不定，爸爸遇到了什么危险。"

"嗯。"爸爸肯定了我的想法。

"想到这里，我就有些坐立不安了。我到处寻找，终于找到了您。这么长时间才找到您，对不起。"

"哈哈，谢谢你孩子。不过，在于夫人他们发现我们之前，你能不能先想办法把粘鼠板的胶带处理一下？"

以旁观者的立场来观察自己

我拉起爸爸的尾巴，同时避免自己也被粘到粘鼠板上。爸爸也和我一起努力。也许是因为今天下雨，室内空气比较潮湿，粘鼠板的黏度相当大。幸好爸爸只是尾巴被粘住了，也许能想办法挣脱。

"话说回来，于夫人的儿子年龄那么小，但于夫人却是被儿子劝导了呢。"爸爸突然开口说道。

"咦，爸爸也听见他们母子的对话了吗？是啊，原本是于夫人在教导她的儿子。"我还在想办法解救爸爸。

爸爸被粘鼠板粘住的平台的墙上正好有个洞，他从这里目睹了客厅里的情况。从爸爸这里可以看到，于夫人正走进厨房，她准备把已经空了的马克杯放到洗碗池。

"爸爸，我好像也从他们母子的对话中学到了什么。

于夫人说'人做任何事都是有理由的',依据这句话,我思考了一下,既然人做什么事都是有理由的,那么人不做什么事也是有理由的吧。然后,只要把'人'变成'老鼠',也就是说,'老鼠不做什么事都是有理由的'。所以我想,爸爸该回来的时候却没回来,一定是有什么理由吧。"

爸爸眯起了眼睛表示赞许。我一边帮他扯着被粘住的尾巴,一边继续说:"我们一直在观察各户人家的人际关系,有时候不仅仅是观察,我们自身也有人际关系,或者说是动物关系。这次也一样,我听了于家母子二人的对话后,联系到自身的情况,就想到了这些。"

同时,我和爸爸一起拼命地尝试拽起他被粘住的尾巴。可粘鼠板实在是太黏了。

　　"如果因为老师或房东说了什么令人意外的话，就认为那个人真是'喜怒无常'或'随心所欲'，这未免太武断了。"我滔滔不绝地评论着。

　　"哦。但是不知道为什么，当孩子有这样的想法时，家长很快就会得出结论：孩子的想法太武断了，'老师生气一定是有理由的'。于夫人也是这样很有自信地教导儿子的。但很多情况下不只是小孩子，哪怕是大人的想法也是有些武断的。特别是当事情发生在自己身上时，就很难意识到自己的想法也如此武断。"爸爸沿着我的分析接着说道。

　　我点点头，说："作为旁观者很容易发现他人的问题，但作为当事人却很难发现自己的想法有什么问题。"

"对，没错。所以，即使自己是当事人，也要从旁观者的角度去考虑，这是非常重要的。"

"是的。我也是这么想的，所以我决定从旁观者的角度来考虑自己的事情。然后我就想清楚了。因为爸爸没有回来就马上对爸爸发火是不对的。当我意识到这一点时，马上就知道我应该做什么了。"我总结道。

我继续用力地帮助爸爸挣脱粘鼠板。虽然现在的状况并不适合进行如此复杂的思考，但我还是专注地继续说："我是这样想的，社会既不简单，但也没有多么复杂。人们往往过于简单地解释别人的所有行为，比如，因为他很愚蠢，因为他喜怒无常等。但实际上，社会并不是这么简单的。人和老鼠的行为都是有一定理由的。不过，不管是什么理由，通常都不会十分复杂。就像小于，如果他仔细听了老师的话，就一定会明白老师生气背后的缘由。但是，如果对方做了令人感到意外的事情，我们就会困惑，并且会轻易地忽视一些并不复杂的理由。最后我们却满足于一个过于简单的解释，比如：因为他太随心所欲了。"

我又用力拉了一把。随着"嘭"的一声，胶带脱落了。爸爸揉着尾巴，似乎很痛。他满头大汗，满脸笑容地看向我，说："你是个老鼠，别太聪明了。"

"什么嘛，爸爸不也是老鼠吗？"我不服气地说。

博弈论知识
工具箱

　　到此，本书的最后一个故事也结束了。本章的故事是老鼠女儿抱怨爸爸"变笨了"，于夫人抱怨房东"随心所欲"，小于抱怨老师"喜怒无常"。故事的最后，每个人都改变了自己对他人的看法。

　　故事的核心内容是博弈论中的观点：人们做任何事都是有理由的。实际上，它适用于定义以均衡命名的各种概念。在之前的"博弈论知识工具箱"中，我介绍了约翰·冯·诺依曼和约翰·纳什提出的均衡概念。其后，人们针对均衡概念又提出了很多补充观点。在这些观点中，比较重要的就是：人们做某事是有理由的。

　　如果发生了什么事，或者应该发生的事却没发生，不要武断地归咎于他人的不合理行为，而是要思考其缘由。这可以说是博弈论中最重要的思维方式。

或许有些人认为，人做任何事都是有理由的这一观点理所当然，根本不涉及什么思考方式。但实际上，我们往往像于夫人一样，一不小心就忽略了这件理所当然的事情。

请允许我再讲两个支撑"人做任何事都是有理由的"这句话的例子。这将改变我们对社会的看法，特别是当我们想要改变他人的行为时，这种思考方式是非常有效的。

一个例子，假设你身边有偷懒的人，这个人可能是社团中的朋友，也可能是公司里的下属。此时，如果你认为"哼，他就是个爱偷懒的人"，那么事情就会到此结束。甚至，你可能还会训斥他不要偷懒！但是如果你愿意思考他为什么偷懒，可能就会发现问题所在和需要改进的地方。比如，你并没有给他设定具体的目标；前辈的态度有些盛气凌人；他不清楚努力工作能获取怎样的收入等。

另一个例子：2020 年春季，我在撰写这本书的书稿时，新型冠状病毒成为全世界的热议话题。我居住的加利福尼亚州政府发布了就地避难的命令。这意味着我必须留在家里，不能出去工作。因此本书的前 5 个故事是在我工作的大学办公室里写的，但第 6 个故事是在家里写的。

无论是在日本还是在美国，由新冠疫情引发的"囤货行为"成了人们的热议话题。然后,就有人武断地说:"抢购的人都是笨蛋。"如果就此结束讨论,人们还是不知道该如何应对当下的问题。而如果换个方向来思考就会更有意义,比如,为什么会出现不得不囤积的状况,怎样调整政策才能避免出现囤货行为。

　　人做任何事都是有理由的。我认为,这在我们人类的社会生活中是非常重要的思考方式之一。而博弈论就是用来分析这种人类的社会生活的理论。

本章要点

人类行为的背后隐藏着某种理由。

"不要认为老师太可怕了，而是要想一想老师为什么生气。人做任何事一定都是有理由的。"

尝试客观地看待自己的想法，
也许就会明白一些道理。

"即使自己是当事人，也要从旁观者的角度去考虑，这是非常重要的。"

人们在社会中的行为并没有简单到
可以把一切都归咎于他人之过，
只要认真倾听他人的话，就会发现
合理的理由。

"人和老鼠的行为都是有一定理由的。不
过，不管是什么理由，通常都不会十分复杂。"

故事未完待续

　　我是老鼠，我的爸爸当然也是老鼠。关于我们父女大显身手的故事，你感觉怎么样？

　　正如我最开始介绍的那样，我和爸爸是工作伙伴，我们每天努力地工作。在我们工作时，最重要的一点就是决定何时改变工作地点。

　　对我们老鼠来说，改变工作地点的最佳时机是什么时候呢？

　　我们已经在沙先生家持续工作了很长时间。最近他们似乎注意到了我们，这意味着我们必须得寻找新的工作地点了。虽然弄清楚新房子（工作地点）的构造、找到最佳的潜入路线对我们来说是非常麻烦的事，但这也没办法避免。而且，我们还要确认新房子里有没有令我们惧怕的捕鼠器。按照我们的工作经验，如果有捕鼠器，就必须更换目标房屋。

在进入沙先生家工作的这段时间里，我们对他们家的情况有了一些了解。66 岁的父亲和他 34 岁的女儿生活在一起。父亲是居委会主任，还在市立图书馆做兼职，女儿是附近一所高中的老师。

但是，这些信息现在已经派不上用场了。星期三下午，我们必须从闫夫妇家去别的地方。我们先去了闫夫妇家斜对面的市立图书馆的停车场，沙先生每周三下午 5 点结束在图书馆的兼职工作，然后开着他的爱车回家。

今天我们没有上沙先生的白色轿车，而是上了旁边的红色轿车。有时这样的选择只能靠运气。不过，我们听说开轿车的人没有坏人，所以不太可能酿成惨剧。

虽然不知道这辆车要开去哪里，但无论去哪家，我们都能找到他家的楼梯平台。我们在那里见证了许多家庭中上演的"戏剧"。但我们非常客观，并不站在那栋房子里任何人的立场上。

我们仔细观察剧情，并预测后续的发展。有时我们能发现人们没有注意到的事，当然，其中一些是只有住在这栋房子里的当事人才会想到的。

我们还会不断地观察自己，即以旁观者的立场来看待自己。而我最近才注意到，这些人家的主人有时也试图以旁观者的立场来看待自己。有时这种方法很有效，而有时则不然。每个人都竭尽全力地思考，有些想法复杂，有些则相对简单，这些想法相互交织在一起。社会上的各种决策都是这样产生的，有时结果如愿以偿，有时又会发生一些意想不到的事情。

这种观察很有趣。我一直深陷其中，很难放弃。

红色轿车沿着临河的堤坝滑行了一会儿，速度刚好低于限速，然后停在一条安静的街道上。

车刚一停下来，司机就开始用手机通话。

"喂，你们太过分了吧？"

虽然还没看清司机的脸，但我们似乎在哪儿听过她那气势汹汹的声音，她的声音与这条街道的寂静极不相称。

司机在车里磨蹭的时候，我们已经开始侦察街道上的房子了。

我们首先观察房子的外观，然后再进到房子里面。

在这个家里，又会有怎样的"剧目"等着我们去观看呢？

博弈论知识加油站

　　读完了老鼠父女的冒险故事，你的感受如何呢？通过本书的 6 个故事和 1 个笑话，你对于"人在社会中思考"，是不是产生了与众不同的看法呢？

　　每个故事中都出现了不同形式的"社会"。故事中的每个人（以及老鼠和猫）都有自己的思考和焦虑。这些想法都是基于博弈论的研究成果而得出的。希望每个故事末尾部分的"博弈论知识工具箱"能让你略微感受到博弈论知识的趣味性。

　　如果想要知道这些故事背后的理论，你会不会觉得单纯从故事的内容出发有些无从下手？如果想更多地了解博弈论知识，或是想从不同的角度去了解博弈论，应该怎么做呢？

为想更进一步学习博弈论的读者介绍几本书吧。

我首先想推荐的是我的著作,《博弈论入门的入门》。或许这会让读者认为我是在自我推销吧。这是一本尽可能系统且通俗易懂地解释博弈论(没有数学公式)的入门书籍。读者在阅读完《博弈论入门的入门》之后,就能更加充分地理解本书中的一些故事。而已经阅读过《博弈论入门的入门》的读者可以思考一下,《博弈论入门的入门》中介绍的思维方式是否在本书中也介绍过? 这样反复思考也是一种乐趣吧。

本书探讨了小社会中人与人之间的关系。那么,在大社会中,应该如何思考人与人之间的关系呢? 正如我在前言中提到的那样,无论是小社会还是大社会,都需要相同的思考方法。因此,在大社会的背景下,思考博弈论在实际生活中所发挥的作用,对于我们为人处世还是很有帮助的。

松井彰彦的《从高中生开始的博弈论》对我们在社会中如何运用博弈论做了很好的解释。环境问题、企业间的竞争、战争等规模宏大的主题都有所涉及。顺便一提,作者松井教授曾是我的指导老师,给我讲过羊和狼的故事(参考本书"一个笑话"中的"博弈论知识工具箱")。他在自己的书中也有讲关于羊和狼的故事。

接下来要介绍的不是书,而是一部电影——1957年上映的美国电影《十二怒汉》。这是一部悬疑电影,讲述了 12 名陪审员怎样通过讨论最终达成一致意见并进行裁决的。《十二怒汉》是一部被多次翻拍的名作，有电视剧、电影、舞台剧、图书等多种版本。或许很多读者知道这部电影，但如果以第 1 个故事中沙先生在居委会投票的故事为基础，再次观看这部电影的话，或许会有不同的看法。我自己在还不了解博弈论的时候就读过这个剧本，好像是在我上高中的时候，当时我非常喜欢这个剧本。这次为了介绍这部电影，我又看了一遍剧本，重复阅读也是非常有趣的事。

如果你想用类似本书这种与众不同的方法进入学问的世界，推荐你阅读野矢茂树的《惊呆了！思考原来这么有趣》。这本书从哲学的角度讲述"思考"，与读者谈论思考的意义。这本书里也有很多非常棒的插图。虽然我自认为是一个"思考"专家，但还是从这本书中学到了很多。

正如我在前言中提到的，博弈论是经济学的一部分。当然，经济学还涉及其他知识，特别是"分析充斥在社会中的数据"这一重要内容。如果您读了本书后对经济学也产生兴趣的话，不妨试着了解一下经济学。经济学书籍我想推荐伊藤公一朗的《数据分析的力量：探究因果关系的思考方法》。这是一本难得一见的好书，作者通过对自己的研究，浅显易懂地阐述了数据分析的思考方法。

最后让我们将话题拉回博弈论。我在第 3 个故事后的"博弈论知识工具箱"中介绍了重复博弈。我最后要介绍的是一位活跃在该理论前沿的学者之一神取道宏的《微观经济学的力量》。作为世界知名的博弈理论家，他一直以能够清晰地分析并解释博弈论的理论知识而闻名于世。我把这本由他编写的微观经济学教科书推荐给喜欢博弈论的读者！

　　《微观经济学的力量》的标题虽是"微观经济学"，但由于微观经济学中很大一部分内容是博弈论，所以书中也介绍了很多博弈论的相关知识。《微观经济学的力量》中涉及很多数学知识，与之相比，本书在水平上有一定的差距。如果是为了将来能掌握微观经济学方面的知识，那么就先从阅读本书开始吧！

一块蛋糕的由来

2019 年 6 月末，钻石出版社的一位名叫田畑博文的编辑来到我在东京大学的办公室。我的办公室位于大学赤门新大楼的 6 楼，我暑期就在这间办公室里工作。自上一本书出版后，我有幸收到好几家出版社的出版策划提案。虽然提案都很有意思，但我又感觉不是特别适合用来介绍博弈论。

这样的策划真的可以传达博弈论的精髓吗？能用这种形式把它传达给更多的人吗？通过博弈论的学习，读者的人生是否会变得更加丰富？会发生更大的变化吗？这是一本只有我才能写的书吗？想到这些问题，我就有些烦闷。在这样的情况下，我见到了编辑田畑先生。

本书的提案基于这样一个理念：以故事的形式，用对话和插图，通俗易懂地向读者说明博弈论。读者通过人物之间的对话来了解博弈论。通过搭配插图的方式更有效地向读者传达博弈论的知识理论。

这个提案足以解开我心中的迷雾，让我的心情雀跃起来。这是一种可以让更多人了解博弈论的新形式。而且，这是只有认真研究博弈论的少数几个人才能写出来的书。

我受到了鼓舞。一想到有更多的人能更近距离地接触博弈论，我就兴奋不已。我想为广大读者写一本有趣的关于博弈论的书，因此我被这个策划吸引了。好，开始动笔！具体会写出什么样的书，我完全想象不出来，但不管怎样，还是试试看吧！这就是我当时的感受。

8月回到美国后，我开始为如何将这个概念具体化而伤脑筋。虽然反复思索，却怎么也想不出好的方案。因为我觉得，如果以人类为主人公，无论如何都不符合"鸟瞰人际关系"的博弈论。

这可真是一个难题。

就在这个时候，我和家人一起看了吉卜力工作室的电影《借东西的小人阿莉埃蒂》。这部电影讲述的是住在人类家里的小矮人阿莉埃蒂和她家人冒险的故事。我突然有了灵感，就是这个思路！只要有能够窥视人类的微小存在就好了。

经过反复思考，我最终将本书中故事的主角设定为在镇上的各户人家工作的老鼠父女。这就是本书中6个故事和 1 个笑话诞生的背景。

　　我在前言中写道："所谓社会，就是人与人之间有着某种联系的地方。"在本书的最后，我想对那些在写作过程中与我相关的小社会中的人们表示感谢。

　　首先，我要感谢的是钻石出版社的编辑田畑博文先生。他在 6 月的一天给我带来了出版策划提案，并在写作过程中给予了各种帮助。他多次翻阅书稿，并与我在美国和日本举行了多次在线视频会议。我非常感谢他。

　　如果用制作蛋糕来比喻撰写书稿的过程，我和田畑先生负责的是制作和烹饪。我们一起努力研究如何制作出一个美味的蛋糕。插画家光用千春女士做了装饰，使蛋糕看起来更好看，让大家都想尝一尝。有了这些可爱的插图，这些故事就变得更加平易近人，更容易理解。而且，光用女士绘制的一些插画让我意识到，我的文字部分也应该随之做出部分调整。感谢光用女士在读了这些故事后进行了认真思考，她的插图能够帮助读者更轻松地理解故事内容。

　　装饰结束后，蛋糕也接近完成。负责最后"调味"的是校对神保幸惠女士。她非常详细地检查了用词是否恰当，以及文本和插图之间是否有不一致。她还为我们提供了故事发展方面的建议，一些故事因此而变得更加有趣。神保女士，谢谢您。

　　平面设计师铃木千佳子女士将做好的蛋糕装入精美的

包装中，以便在商店中展示。完成的校样由铃木女士指导整体设计。在看到我的文章和光用女士的插图合在一起形成一本书时，我确信采取"通过对话和插图使人容易理解"这一方法是十分正确的。此外，还有本书精彩的封面设计！我可以想象到读者在看到这个封面后，拿起这本书，打开通向博弈论的大门的情形。谢谢您，铃木女士。

美味又精致的蛋糕固然不错，但如果有毒就麻烦了。明明写着芝士蛋糕，实际上却是奶油蛋糕，这样也不好。博科尼大学的福田慧教授和当时在斯坦福大学任教的小岛武仁教授阅读了本书的草稿，并从专业角度分析了本书在博弈论专业内容方面是否存在错误，以及是否使用了可能会引起误解的写作方法。另外，东京大学的神取道宏教授也对疑问点进行了解答。我非常感谢这三位老师。此外，还要感谢教我法语（时髦蛋糕店名称）的丹羽史寻先生。

这款蛋糕不仅好看，也很美味，而且无毒。但是，如果不知道如何品尝，即使把它放在漂亮的包装盒里带回家，也会感到困惑。在此，我要特别感谢将这部作品从日语翻译成中文的团队，尤其是译者刘琳女士。同时，还要感谢阅读中文书稿并提出修改意见的伦敦大学学院的周子豪教授。

另外，制作这个蛋糕的"小社会"，实际上是与各个大大小小的社会相关联的。读者可在阅读中找寻其中隐藏的关系。在 6 个小故事和 1 个笑话中所列举的各种思考方法，都以博弈论的思考方法为基础。我衷心希望，今后当你与周围的各个社会互动时，从本书中所获得的新观点能起到一定的作用。

不管眼前是怎样的社会，想必你都能够应对自如。因为你已经掌握了博弈论的思考方法。

最后，感谢一直支持我的家人，尤其是为我做了美味芝士蛋糕的妻子。

未来，属于终身学习者

我们正在亲历前所未有的变革——互联网改变了信息传递的方式，指数级技术快速发展并颠覆商业世界，人工智能正在侵占越来越多的人类领地。

面对这些变化，我们需要问自己：未来需要什么样的人才？

答案是，成为终身学习者。终身学习意味着具备全面的知识结构、强大的逻辑思考能力和敏锐的感知力。这是一套能够在不断变化中随时重建、更新认知体系的能力。阅读，无疑是帮助我们整合这些能力的最佳途径。

在充满不确定性的时代，答案并不总是简单地出现在书本之中。"读万卷书"不仅要亲自阅读、广泛阅读，也需要我们深入探索好书的内部世界，让知识不再局限于书本之中。

湛庐阅读 App: 与最聪明的人共同进化

我们现在推出全新的湛庐阅读 App，它将成为您在书本之外，践行终身学习的场所。

不用考虑"读什么"。这里汇集了湛庐所有纸质书、电子书、有声书和各种阅读服务。

可以学习"怎么读"。我们提供包括课程、精读班和讲书在内的全方位阅读解决方案。

谁来领读？您能最先了解到作者、译者、专家等大咖的前沿洞见，他们是高质量思想的源泉。

与谁共读？您将加入到优秀的读者和终身学习者的行列，他们对阅读和学习具有持久的热情和源源不断的动力。

在湛庐阅读 App 首页，编辑为您精选了经典书目和优质音视频内容，每天早、中、晚更新，满足您不间断的阅读需求。

【特别专题】【主题书单】【人物特写】等原创专栏，提供专业、深度的解读和选书参考，回应社会议题，是您了解湛庐近千位重要作者思想的独家渠道。

在每本图书的详情页，您将通过深度导读栏目【专家视点】【深度访谈】和【书评】读懂、读透一本好书。

通过这个不设限的学习平台，您在任何时间、任何地点都能获得有价值的思想，并通过阅读实现终身学习。我们邀您共建一个与最聪明的人共同进化的社区，使其成为先进思想交汇的聚集地，这正是我们的使命和价值所在。

CHEERS

湛庐阅读 App
使用指南

读什么

· 纸质书
· 电子书
· 有声书

怎么读

· 课程
· 精读班
· 讲书
· 测一测
· 参考文献
· 图片资料

与谁共读

· 主题书单
· 特别专题
· 人物特写
· 日更专栏
· 编辑推荐

谁来领读

· 专家视点
· 深度访谈
· 书评
· 精彩视频

HERE COMES EVERYBODY

下载湛庐阅读 App
一站获取阅读服务

图书在版编目（CIP）数据

好用的博弈论 ／（日）镰田雄一郎著 ； 刘琳译. ——
杭州 ：浙江教育出版社，2023.6
　ISBN 978-7-5722-5524-3

　Ⅰ. ①好… Ⅱ. ①镰… ②刘… Ⅲ. ①博弈论－通俗
读物 Ⅳ. ①O225-49

中国国家版本馆CIP数据核字(2023)第036963号

上架指导：博弈论 / 经济学

好用的博弈论
HAOYONG DE BOYILUN

[日]镰田雄一郎　著

刘　琳　译

责任编辑：汪　斌
美术编辑：曾国兴
责任校对：王听雨
责任印务：刘　建
封面设计：ablackcover.com
出版发行：浙江教育出版社（杭州市天目山路 40 号　电话：0571-85170300-80928）
印　　刷：北京盛通印刷股份有限公司
开　　本：880mm×1230mm 1/32　　　　**插　页：**1
印　　张：5.875　　　　　　　　　　　**字　数：**110 千字
版　　次：2023 年 6 月第 1 版　　　　　**印　次：**2023 年 6 月第 1 次印刷
书　　号：ISBN 978-7-5722-5524-3　　　**定　价：**69.90 元

如发现印装质量问题，影响阅读，请致电 010-56676359 联系调换。